编委会

设施小番茄生产

主　编 ○ 杨彦玉

副主编 ○ 马金文　张新学

黄河出版传媒集团

阳光出版社

图书在版编目（CIP）数据

设施小番茄生产 / 杨彦玉主编；马金文，张新学副主编. —— 银川：阳光出版社，2025. 3. —— ISBN 978-7-5525-7634-4

Ⅰ. S626

中国国家版本馆CIP数据核字第202545GA09号

SHESHI XIAOFANQIE SHENGCHAN

设 施 小 番 茄 生 产

杨彦玉 主编 马金文 张新学 副主编

责任编辑　金小燕　郑晨阳
封面设计　王　烨
责任印制　岳建宁

黄河出版传媒集团
阳 光 出 版 社　出版发行

出 版 人　薛文斌
地　　址　宁夏银川市北京东路139号出版大厦 （750001）
网　　址　http：//ssp.yrpubm.com
网上书店　http：//shop129132959.taobao.com
电子信箱　yangguangchubanshe@163.com
邮购电话　0951-5047283
经　　销　全国新华书店
印刷装订　宁夏凤鸣彩印广告有限公司
印刷委托书号　（宁）0031283

开　　本　787 mm×1092 mm　1/16
印　　张　9.5
字　　数　180千字
版　　次　2025年3月第1版
印　　次　2025年3月第1次印刷
书　　号　ISBN 978-7-5525-7634-4
定　　价　68.00元

前言
Preface

　　《设施小番茄生产》由同心县职业技术学校和宁夏一山科技有限公司组织长期从事设施农业产业技术研究和教学的专家和老师共同编写,主要用作农业类中等专科学校、职业技术学校的教材,也可以作为从事设施小番茄种植的相关企业、农户的种植技术参考用书。

　　宁夏是农业农村部规划确定的黄土高原夏秋蔬菜生产优势区域,具有得天独厚的自然条件,充足的光照和较大的昼夜温差,使得生产的小番茄口感清甜、品质优异。近年来,宁夏通过调整产业结构,优化种植模式,大力发展设施农业和露地蔬菜,蔬菜产业规模不断扩大,产量和品质逐年提升,蔬菜产业已成为宁夏经济发展中的重要产业,也是宁夏农产品走向全国的一张靓丽名片。冷凉蔬菜被列入宁夏回族自治区重点支持和大力发展的"六特"农业特色产业之一,表明蔬菜产业特别是设施蔬菜在宁夏具有广阔的发展前景。设施小番茄作为设施蔬菜的重要组成部分,将会得到大力发展,培养相关从业人员显得尤为重要。

　　《设施小番茄生产》采用模块化方式编写,以项目和任务逐级分解教学重难点，并辅之以练习思考题，以达到理论、实践、思考相结合的教学效果。本书共有八个模块。杨彦玉编写《设施小番茄产业概况及品种》模块，马金文负责编写《小番茄生物学特性》模块，张新学主笔，马飞龙协助编写《设施小番茄育苗技术》模块，马应贵、贺小东编写《设施小番茄育苗前的准备》模块，李思编写《设施小番茄定植》模块，杨瑞峰编写《设施小番茄田间管理技术》模块，骆龙山、杨小青编写《设施小番茄病虫害防治技术》模块，余晓红、杨小荣编写《设施小番茄的采收与贮运》模块。

由于编者理论水平和技术能力的局限性，本书难免存在不足之处，敬请读者批评指正。

编者

2025 年 2 月

目录/Contents

模块一　设施小番茄产业概况及品种

项目一　设施小番茄产业概况

学习目标

知识目标

掌握小番茄的重要经济价值、营养价值，了解我国和本地区设施小番茄生产现状。

能力目标

了解本地区各种植基地设施小番茄栽培情况。

价值目标

熟悉我国及本地区设施小番茄栽培现状，有助于更好地贯彻落实国家农业政策，助力乡村振兴战略。

任务　设施小番茄产业概况

一、小番茄的重要经济及营养价值

小番茄（*Lycopersicon esculentum* Mill.）又称圣女果、樱桃番茄、小西红柿，是茄科番茄属一年生或多年生草本植物，起源于南美洲安第斯山脉的秘鲁、厄瓜多尔等地形复杂的河谷和山川地带。习性喜温暖、耐热，光照充足有利于生长发育。以疏松、肥沃的沙质土壤种植为宜。小番茄是我国南北方群众都喜爱的一种既是蔬菜又是水果的农产品，在国内各地都有广泛栽培。

小番茄作为一种常备蔬果，具有稳定的市场需求。小番茄具备种植适宜区域广泛、栽培技术简单、产量高等特性，是一种适宜设施种植的经济类作物。小番茄的市场流通量较大，种植、加工和销售等环节可形成一个完整的产业链。同时，小番茄的加工产品（如番茄酱、番茄汁、番茄红素康养制剂等）也丰富了市场供应，满足了消费者的多样化需求。小番茄的种植和销售为种植户提供了稳定的收入来源，促进了农村经济的发展。

小番茄富含维生素、胡萝卜素、有机酸、矿物质和番茄红素，不仅可提供人体必需的维生素和矿物质，而且对于防治佝偻病、眼干燥症、夜盲症及某些皮肤病等有良好功效。小番茄中含有果酸，能降低胆固醇的含量，对高脂血症很有益处。虽然小番茄的营养价值较高，但是在食用的时候也需要适量，空腹一次性食用过多，容易刺激胃黏膜，导致胃部不适。

二、我国设施小番茄生产现状

目前，我国小番茄种植面积达到 350 万亩（1 亩 ≈ 666.67 m²）。截至 2022 年，全球小番茄市场规模达到 28.4 亿美元，中国是小番茄最大的生产国和消费国。小番茄的种植方式分为露地种植和设施种植，生产中为了提高小番茄产量和质量，普遍采用设施种植，露地种植面积较少。小番茄设施栽培主要采用拱棚种植、传统日光温室种植、水培、无土栽培和智能化温室技术。在全球范围内，小番茄市场的规模不断扩大，尤其是在亚洲市场，如中国、日本和韩国等的需求增长显著。由于小番茄具有易于保存、携带、营养丰富等特点，一些大型超市和便利店已经将小番茄作为常备水果出售，这也进一步提高了小番茄的市场需求量。小番茄在我国南北各地广泛栽培，发展小番茄产业是农民增收致富和种植业结构调整的重要途径。

三、宁夏设施小番茄产业发展现状

宁夏是一个适宜种植小番茄的地区，全域的气候和土壤条件都非常适合小番茄的生长。宁夏小番茄均采用设施种植，各市县均有一定规模的设施小番茄种植面积，由于市场需求旺盛，产区气候适宜，小番茄的产地面积从过去的 500 余亩，扩展至 2023 年超过 6 000 亩，增长超 10 倍。宁夏虽不是小番茄的最核心产区，但对国内整体种植面积是重要的补充，且前景向好。

（一）吴忠市红寺堡区

红寺堡区红川村的小番茄种植规模较大，且取得了显著的经济效益。红川村小番茄设施温棚种植基地由新庄集乡政府引进，并由山东春腾生态农业科技发展有限公司建设运营。该基地种植规模大，主要种植釜山 88、红运 99、千禧、花生果、红果、亲蜜等番茄品种。基地不仅为当地村民提供了稳定的就业机会，还带动了周边村镇的劳动力参与采摘、清洗、分拣、加工等工作，每年为村民带来可观的劳务收入。

（二）吴忠市同心县

吴忠市同心县下马关镇是宁夏设施农业的重要发展区域之一。近年来，该镇积极探索"设施农业＋产业化"发展路径，大力发展设施农业，种植番茄、小番茄、人参果、葡萄等特色农产品。小番茄作为其中的重要种植品种，不仅缓解了当地旱作区的用水矛盾，还助力了农户增收致富。

（三）固原市隆德县

固原市隆德县沙塘镇因地制宜发展设施农业，打造了千亩设施蔬菜高产高效示范基地。该基地内的小番茄温室采用了先进的种植技术和管理模式，通过蚯蚓生物技术、秸秆生物技术等手段提高土壤肥力和作物产量。同时，基地还注重农产品的品质控制和品牌建设，使得产出的小番茄在市场上具有较高的竞争力。

【课程资源】

设施小番茄产业概况

项目二　设施小番茄类型及品种

🍅 **学习目标**

知识目标

了解全国、本地区小番茄栽培品种，熟悉本地区小番茄栽培品种。

能力目标

掌握小番茄的分类方法及不同品种小番茄的特性、产地。

价值目标

了解设施小番茄品质及其特性，优化种质资源，提高本地区设施小番茄的市场竞争力，助力乡村振兴。

任务一 设施小番茄类型

小番茄的分类方法有多种，目前尚未完全统一。小番茄的品种有圣女果、红宝石番茄、串红小番茄、迷你小番茄、绿宝石小番茄、千禧小番茄、朱丽小番茄、金莹小番茄、紫番茄、釜山88小番茄、黑珍珠小番茄等。

一、按植物生长习性分类

当前生产上小番茄栽培品种一般根据生长习性分类，分为有限生长型和无限生长型。

（一）有限生长型

又称"自封顶"型。植株长到一定节位，在主干3~5层花序时自行封顶，生长点变成花序，不再向上生长，依靠叶片基部的腋芽或花序叶腋处抽生侧枝生长，侧枝生长1~2个花序后顶端又变成花序而封顶，再从叶腋形成侧芽生长，如此反复。这类品种在发生花序后，一般间隔1~2叶发生1个花序。通常植株较矮，生长期较短，大多较早熟。株高1 m左右时，可进行2~3干整枝，立较矮或简易的支架，或不立支架。适于早熟栽培，但适应性、抗逆性较差，产量也较低。

（二）无限生长型

茎顶端不断开花结果，生长高度不受限制。多数品种在第7节位以上着生第1花序，花序间隔节位也较多，多在3叶以上。无限生长型小番茄植株高大，生育期长，果型大，产量高，品质优良，适应不良环境的能力较强，抗病性好，多为中、晚熟品种。

二、按果实颜色分类

如图1-1，小番茄按果实颜色，可分为大红果、粉红果、黄色果（金黄色、淡黄色、橙黄色）、咖啡色果、绿色果、紫色果、黑色果和迷彩果等类型。

| 大红果 | 粉红果 | 黄色果 | 绿色果 |

| 紫色果 | 黑色果 | 迷彩果 | 咖啡色果 |

图 1-1　小番茄颜色

三、按果实大小分类

1. 大果型，单果重 30 g 以上，如黄小丫等。

2. 中果型，单果重 20~30 g，如京丹绿宝石 2 号等。

3. 小果型，单果重 10~20 g，如黄冠 2 号等。

四、按果实形状分类

如图 1-2，小番茄按果实形状，可分为圆形、扁圆形、长圆形、梨形、牛心形、桃形、樱桃形、苹果形、长梨形等类型。

| 圆形果 | 长圆形果 | 梨形果 |

| 牛心形果 | 桃形果 | 扁圆形果 |

图 1-2　小番茄果实形状

五、按熟性分类

可分为最早熟、中熟、晚熟类型。

（一）早熟品种

圣女果：主要产地包括广东、广西、山东等，上市时间为6月至10月，口感酸甜可口，水润多汁，是小番茄中早熟品种的代表之一。

红宝石番茄：产自山东，同样在6月上市，口感酸甜多汁，果肉细嫩，口感浓郁，也属于早熟品种。

串红小番茄：产地为上海，上市时间为5月，口感酸甜可口，饱满多汁，口感佳，是早熟且受欢迎的小番茄品种。

迷彩小番茄：产自山东、陕西等地，通常在4月上市，口感微酸脆甜，鲜嫩多汁，风味持久。

绿宝石小番茄：主要产地为山东、北京、江苏等地，上市时间为5月，口感酸甜，风味浓郁，属于早熟品种。

（二）中熟品种

千禧小番茄：产地广泛，包括海南、广东、广西、山东等，上市时间为12月至次年5月，口感酸甜可口，水分充足，味道浓郁，是中熟品种中的佼佼者。

朱丽小番茄：产自山东、安徽等地，上市时间为6月，果肉硬实，酸甜适中，是中熟品种中口感较为独特的一种。

金莹小番茄：主要产地在山东、四川，上市时间为6月，口感酸中带甜，风味十足，也是中熟品种中的优良选择。

紫番茄：作为一种特色杂交彩色品种，紫番茄的上市时间因地区和栽培方式而异，但总体可视为中熟品种，果实成熟后呈紫色，并带有彩色条纹，口感沙甜，营养丰富。

（三）晚熟品种

釜山88小番茄：产自山东，上市时间为12月至次年9月，果皮薄脆，肉质紧实，甜蜜爆汁，是晚熟品种中的代表之一。

黑珍珠小番茄：主要产地在广东、广西、福建等，上市时间为10月至次年2月，口感酸甜适中，水润爽口，是晚熟品种中备受欢迎的一种。

六、按栽培用途分类

（一）普通水果类

果实多作为水果销售，市场价格较高，抗性较强，但市场销售量有限。

（二）观赏类

植株较小，果色鲜艳。多作为花盆阳台种植和设施观赏种植。

【课程资源】

设施小番茄的类型

任务二　设施小番茄主要优良品种

小番茄在我国各地广泛栽培，但是国内小番茄育种工作还相对滞后，小番茄目前还是以引进国外品种种植为主，国外一些优良品种在生产上发挥了重要作用。在栽培时一定要根据当地的消费习惯、气候条件和栽培方式等选择适宜的品种。以下简单介绍在生产上发挥了重要作用的品种。

一、圣女果

并不是所有的小番茄都叫圣女果，我国早期引进的小番茄主要有红衣圣女（椭圆形）和红玉（圆形）两个品种，目前市场上以红衣圣女为主。

二、千禧

是农友种苗（中国）有限公司以 F-2155-52 为母本、F-1528-26 为父本选育的番茄品种。该品种为鲜食型杂交种，无限生长型樱桃番茄，产量高。可溶性固形物含量 9.6%，番茄红素含量 0.0 665 mg/g，维生素 C 含量 0.312 mg/g。抗番茄叶霉病，抗番茄花叶病毒和枯萎病能力较强，抗番茄根结线虫，耐低温性好。第 1 生长周期亩产 4 500 kg 以上，第 2 生长周期亩产 4 000 kg 以上。

三、红宝石

红宝石 1 号小番茄引自台湾，该品种与亚蔬 6 号同品系，株高 2 m 左右，果实为红色、长椭圆形，单果重 8~14 g，糖度 6~11 °Bx，单棵结果可达 500 粒，挂果率高。播种至始花 50 d，生育期 140 d，产果期 60 d，若营养良好，采收期可延长 50 d。本品种耐热性强，但在仲夏 30 ℃以上产量会降低，选择气温 10~28 ℃环境种植表现良好。中抗萎凋病，耐顶叶黄化卷叶病毒及番茄嵌纹病毒。果实硬度高，不易裂果，耐贮运。因本品种属半停心型，故尽量少用矮化剂，需足够的肥料及水分维持长势。

四、釜山 88 玲珑小番茄

是韩国的一个著名品种，由韩国农业科学院果树育种中心培育，在 2003 年推广种植。无限生长型，中熟，生长势强，低温适应性强。果实鸡心形，红果，硬度好，耐贮运，单果重 23~27 g，果形整齐，裂果发生少，商品率高。糖度高，果皮薄且易咀嚼，残留少，品质优良。该品种既适合夏季生产，也适合秋季生产，果实灵活采收，种植密度适中，适合大面积种植，同时对土壤的适应性较强。

五、串番茄

又名穗番茄，是近年来流行于国内外市场的一类成串收获上市的新型番茄品种，由于其商品性优良，深受消费者欢迎，栽培面积逐年扩大。沈阳农业大学园艺学院1998年从荷兰引进串番茄品种资源，开展了串番茄新品种选育研究。2002年，"串番茄新品种选育技术研究"被正式列入国家"863"重大专项研究内容，经过攻关，培育出了一批串番茄优良组合。串番茄品种具有以下特征：①果实成熟后能长时间保留在果穗上不脱落；②果穗呈鱼骨状，花穗短缩，果实紧贴在花穗上，整串果实排列优美；③果实红色，大小、形状和颜色整齐一致；④萼片肥厚而大，不易干燥和黄化；⑤果肉硬，抗裂，耐贮运，货架寿命长（普通软果肉番茄果实成熟后最多能在果穗上保留3~5 d，货架寿命最长10 d左右，而串番茄果实转红后能在果穗上保留15 d以上不软化、不裂果，货架寿命20 d以上）；⑥植株承果能力强，能同时着生10束果，比普通番茄多2束。

六、春桃小番茄

是农友种苗（中国）有限公司选育品种，母本"F-436-211"是利用"F-436"系谱选育而成的自交系，父本"F-2055-23"是利用"F-2055"系谱选育而成的自交系。该品种为无限生长型樱桃番茄，始花着生节位7~8节，从播种至始收90 d左右。果色桃红色，果形近圆形，果脐部尖凸，果长4.1 cm左右，果径3.5 cm左右，单果重45 g左右。经漳州农业检验监测中心品质检测，每100 g鲜样含总糖3.64 g、维生素C 28.20 mg、粗蛋白1.18 g。经翔安区农林水技术推广中心田间病害调查，枯萎病发病率为0.5%、青枯病发病率为1.0%，未发现病毒病。

七、夏日阳光番茄

是以色列海泽拉种子公司培育的一种高端鲜食樱桃番茄新品种，颜色新颖、醒目，品尝有入口即溶的感觉。该品种为无限生长型，一代杂交品种，中熟，植株长势较旺，节间略长，叶片稀疏，花序大，花量多。坐果能力强，产量高，亩产一般在2 500~3 000 kg。果实圆形，亮黄色，单果重15~20 g。硬度好，保鲜期长，无绿果肩，适合单个采摘。口味与众不同，清口略带甜味，水分充足，肉质细嫩。该品种抗枯萎病、黄萎病和烟草花叶病毒。栽培中通常单干整枝，吊线栽培。

八、黄妃小番茄

黄妃系列品种为我国近年来从荷兰、日本等国引进的品种系列，为无限生长类型，早熟品种，生长势强，第1穗果节位7节左右，以后每隔3叶长1花序，每花序视节位不同可开花 10~100 朵不等，单穗自然坐果数最多可达 50 果，生产中视节位不同一般坐果 4~35 果。果实椭圆形，黄色，平均单果质量 12~14 g。果实硬度中等，可溶性固形物含量 9%~11%，风味浓、口感特佳。较抗灰霉病，适应性好。春季栽培采收时间为 4 月下旬至 6 月中旬，亩产量一般为 1 500~2 000 kg。

九、黄洋梨番茄

是由日本引进的小型番茄品种，容易栽培。果形新奇、色彩艳丽、观赏性强、风味独特，是居民菜篮子中的一种常见水果，也是农业发展特色种植的上乘选择。形状为梨形，果重 15~20 g，果皮和果肉均为黄色，每穗可着生 8~10 个，亩产可达 3 000 kg 以上。种植与一般小番茄种植方式大体一致，生长强健，容易栽培，无限生长。

十、绿宝石小番茄

是北京农林科学院蔬菜研究中心最新选育绿熟特色一代杂交小番茄品种。无限生长型，中熟，果实圆球形，成熟果绿色透亮似绿宝石，单果重 20 g 左右，果味酸甜浓郁，口感好，是设施农业特菜生产中的珍稀品种。通常绿色番茄的花青素含量高，食用时普遍有生青味，绿宝石小番茄是唯一完全不青涩的绿色番茄。

十一、迷彩小番茄

是从台湾引进最新育成的无限生长型中早熟品种。植株长势强，茎秆粗壮，果实圆形。单果重 18~22 g，单穗结果 14~20 个，外观美丽，口感好，味沙甜。抗病性强，营养丰富，含抗氧化物质，故称为长寿番茄，是现代农业、采摘园的首选品种。适合保护地、春大棚及露地栽培。

【课程资源】

设施小番茄主要优良品种

任务三　设施小番茄栽培季节和茬口安排

一、主要茬口类型

（一）温室大棚越冬茬长季节栽培

以元旦、春节冬春淡季上市为主要目标，多在 8 月播种育苗，9 月定植，11 月至翌年 5~6 月持续收获，为现代加温温室主要茬口类型，也是我国北方部分无加温的节能型日光温室，华南、西南亚热带南缘地区无加温大棚的主要茬口类型。通常称为越冬长季节栽培。

（二）日光温室冬春茬

华北地区在 11 月下旬至 12 月上中旬育苗（东北地区在 1 月），苗龄 60~70 d；定植期华北一般在 1 月中旬至 2 月上中旬，东北多在 2 月；4~7 月采收。

（三）日光温室秋冬茬

主要供应冬季和春节市场，一般北方在 6 月下旬至 7 月播种育苗，8 月中下旬到 9 月上旬定植，10 月下旬至翌年 1 月采收。

（四）大棚多层覆盖特早熟栽培

长江流域在 10 月中下旬育苗，11 月下旬定植，仅保留 2~3 穗果摘心，密植于大棚内，多层覆盖保温，翌年 2 月下旬至 4 月采收供应。类似北方日光温室的冬春茬，是一种"矮、密、早"的促成栽培技术，分布在安徽和县等地。

（五）大棚春季早熟栽培

栽培面积较大，一般北方在 12 月育苗，苗龄 70 d 左右；南方的播种期在 11 月下旬至 12 月上旬，苗龄 90~110 d；都在 2~3 月定植，4 月下旬至 7 月采收。

（六）大棚秋季延后栽培

北方常在 7 月播种育苗，8 月定植（高纬度地区宜适当提早），9 月下旬开始采收；长江流域一般在 6 月中下旬到 7 月中旬播种，约 8 月中旬定植，10~12 月采收。

二、茬口安排原则

我国不同地区的自然条件差异很大，应根据不同地区市场需求、消费习惯等合理安排茬口。

（一）高产量，高产值

根据小番茄的生育规律对温光等环境条件的要求，结合保护地的性能和市场行情等，安排最适宜的种植茬口。

（二）充分发挥保护地的潜力与优势

从社会效益与经济效益角度出发，安排保护地种植小番茄，如早春茬可以选用大拱棚种植。各地应根据当地自然环境、区位优势等，合理建造、利用大拱棚及日光温室等环境调控及配套栽培技术，利用或人为创造适宜小番茄生长所需的生态环境，减少农资投入。

（三）市场所需，轮茬种植

茬口的安排要考虑到实行轮作倒茬，改善土壤理化条件，防止产生连作障碍，利用轮茬，拓展销售市场，降低价格风险，获得高产高效益。

【课程资源】

设施小番茄栽培季节和茬口安排

练习思考题

一、选择题

1. 黄妃小番茄果实椭圆形，黄色，平均单果质量（　　）g。

　　A.5~8　　　　　B.12~14　　　　C.20~25　　　　D.25~30

2. 绿宝石小番茄单果重（　　）g左右，果味酸甜浓郁，口感好，是保护地特菜生产中的珍稀品种。

　　A.10　　　　　B.20　　　　　C.30　　　　　D.40

3. 黄洋梨番茄是由日本引进的小型番茄品种，水果型小番茄、形状为梨形，单果重（　　）g。

　　A.10~14　　　　B.15~20　　　　C.21~25　　　　D.25~30

4. 红宝石1号小番茄引自台湾，果实长椭圆形，单果重（　　）g，糖度6~11°Bx，单株结果可达500粒，挂果率高。

　　A.8~14　　　　B.15~20　　　　C.21~25　　　　D.25~30

5. 釜山88玲珑小番茄为无限生长型，中熟，生长势强，低温适应性强。果实鸡心形，红果，硬度好，耐贮运，单果重（　　）g，商品率高。

　　A.8~14　　　　B.15~20　　　　C.20~23　　　　D.23~27

二、填空题

1. 当前生产上小番茄栽培品种一般根据生长习性分类，分为_____和_____。

2. 迷彩小番茄植株长势强，茎秆_____，_____。

三、判断题

1. 小番茄富含维生素、胡萝卜素、有机酸、矿物质和番茄红素，不仅可满足人体对维生素和矿物质的需要，而且对于防治佝偻病、眼干燥症、夜盲症及某些皮肤病等有良好功效。（　　）

2. 我国小番茄品种选育工作起步较早，育成品种数量和种类丰富，是国内种植的主栽品种。（　　）

3. 小番茄是一种特别受欢迎的水果，近几年市场需求在不断增长，中国是现阶段小番茄最大的生产国和消费国。（　　）

4. 宁夏是一个适宜种植小番茄的地区，因为其气候和土壤条件都非常适合小番茄的生长。（　）

5. 有限生长型又称"自封顶"型。植株长到一定节位，在主干3~5层花序时自行封顶，生长点变成花序，不再向上生长，依靠叶片基部的腋芽或花序下部抽生侧枝生长，侧枝生长1~2个花序后顶端又变成花序而封顶，再从叶腋形成侧芽生长，如此反复。（　）

四、思考题

1. 简述小番茄按果实大小的分类情况。

2. 简述无限生长型小番茄的生长特征。

模块二　小番茄生物学特性

项目 小番茄植物学性状

学习目标

知识目标

了解小番茄生长发育规律、环境条件要求，本地区环境条件，能合理选择适宜种植的品种。

能力目标

能够根据小番茄的环境条件要求，进行土壤改良、水分管理和养分供应，提高产量和品质。

价值目标

通过学习设施小番茄对环境条件的要求，提高学生对设施小番茄产业的认识，树立绿色、生态、高效的农业发展观念。同时，增强学生对设施小番茄产业的热爱，培养一批具有专业素养的农业技术人才，为我国小番茄产业发展贡献力量。

任务一　小番茄形态特征

小番茄植株由根、茎、叶、花、果实及种子所组成。

一、根

小番茄属深根性作物,根系(如图2-1)较为发达,大部分根群分布在30~50 cm深的土层中,由主根、侧根和不定根组成,起固定植株和为地上部提供水和矿物质营养的作用。

图2-1　小番茄的根

小番茄根系再生能力强,茎节上易发生不定根,扦插易成活。小番茄根系的分布位置及发育状况主要与土壤结构、肥力、温湿度及耕作等条件有关,也受移植、整枝、摘心等栽培措施影响,所以生产上应采取多次中耕松土、蹲苗、地膜覆盖及合理施肥等措施促进根系的良好发育。

二、茎

小番茄的茎(如图2-2)多为半直立性或半蔓生性,个别品种为直立性,分枝形式为合轴分枝(假轴分枝),茎端形成花芽,侧枝代替主枝继续生长。茎的分枝能力强,每个叶腋均可生长侧枝,具有顶端优势。小番茄茎的表现与丰产有较大关系,为减少养分消耗,栽培上应防止植株徒长,及时进行整枝打杈。小番茄茎的主要作用是支撑地上部,并成为根系及叶向植株各部分传输物质的重要通道。绿色茎也可以进行光合作用,但仅占次要地位。

图2-2　小番茄的茎

根据生长习性,茎可分为两大类,即无限生长型和有限生长型。无限生长类型为蔓生类型,在茎端分化第一个花穗后,其下的一个侧芽生长成为强盛的侧枝,与主茎连续而成为合轴,第二穗及以后各穗下的一个侧芽亦是如此,故假轴无限生长。无限生长类型小番茄植株茎较软,植株高大,可达2 m,需支架或吊蔓栽培。有限生长类型也称自封顶型,植株通常在着生3~5个花穗后,花穗下的侧芽分化为花芽,不再长成侧枝,假轴不再伸长,整个植株也就停止生长。

三、叶

图 2-3　小番茄的叶

如图 2-3，小番茄的叶为单叶，呈羽状深裂或全裂，每叶有小裂片 5~9 对。小番茄叶片的大小、形状、颜色等因品种和环境条件而异。根据叶片形状及缺刻不同，可分为 3 种，即缺刻较深，叶片大，小叶间距宽的花叶型；叶片宽厚皱缩，小叶排列较紧密，叶轴上裂片紧凑的皱缩叶型；叶缘无缺刻，小叶大而稀少的薯叶型。小番茄叶片是为植株进行光合作用制造养分最重要的器官，保持适当数量的健壮功能叶片是丰产优质的重要保证。同时，叶片与茎均生有绒毛和分泌腺，能分泌出有特殊气味的汁液，具有避虫作用。

四、花

图 2-4　小番茄的花

小番茄为两性完全花，聚伞花序，小果型品种多为总状花序，由雌蕊（子房、花柱和柱头）、雄蕊（花药和花丝）、花瓣、萼片和花梗 5 部分构成，属于自花授粉作物，天然杂交率 4%~10%。如图 2-4，花序着生于节间叶腋，花黄色。每个花序上着生的花数品种间差异很大，一般 5~10 朵不等，主要取决于品种特性及栽培管理。开花授粉受温度、营养及管理影响，通常低于 15℃ 或高于 35℃ 均不利于开花、授粉。

五、果实

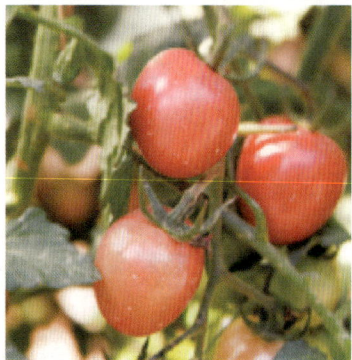

图 2-5　小番茄的果实

如图 2-5，小番茄的果实为多汁浆果，果肉由果皮（中果皮）及胎座组织构成。优良食用型品种的果肉厚，种子腔小。果实形状、大小、颜色及心室数等因品种而异，栽培品种一般为多心室。果实按照形状分为扁圆形、圆球形、卵圆形、桃形、牛心形、长圆形、梨形等，按照颜色分为有色果（红、粉红、黄、橙黄、白色等）和绿色果，按照果实大小分为大型果（30 g 以上）、中型果（20~30 g）和小型果（10~20 g 及以下）。小番茄果实的红色是由于含有番茄红素，主要受温度影响，黄色是由于含胡萝卜素、叶黄素，胡萝卜素和叶黄素的合成需要充足光照。

六、种子

如图 2-6，小番茄的种子呈扁平状、肾形，有红、黄、褐等颜色，种皮有茸毛。种子比果实成熟早，开花授粉后 35 d 左右的种子即具有发芽能力。种子使用年限为 3~4 年，若低温干燥保存，寿命更长。

图 2-6　小番茄的种子

【课程资源】

小番茄的形态特征

任务二　小番茄生长阶段

小番茄的生育期包括发芽期、幼苗期、开花坐果期和结果期。

一、发芽期

从种子萌动到第 1 片真叶出现（破心）为发芽期，一般为 7~9 d。发芽期能否顺利完成，主要取决于温度、湿度、通气状况和覆土厚度等条件。因此，栽培时要选用颗粒饱满、大小均匀的种子，并提供充足的水分及适宜的温度条件（25~28℃）。

二、幼苗期

从第 1 片真叶出现至第 1 花序开始现大蕾为幼苗期。正常情况下，幼苗期需要40~50 d。

小番茄幼苗期要经历两个不同的阶段，从破心至 2~3 片真叶展开（即花芽分化前）为基本营养生长阶段；从幼苗 2~3 片真叶展开后，开始花芽分化，进入花芽分化及发育阶段。小番茄花芽分化的主要特点是早而快以及连续性，花芽分化的早晚直接影响小番茄的早熟性及产量的高低。为促进花芽分化，需为幼苗创造良好条件，防止幼苗徒长和老化，必要时在 2 叶 1 心时进行分苗。

三、开花坐果期

从第 1 花序现大蕾至坐果为开花坐果期。此期是以营养生长为主过渡到生殖生长与营养生长同时进行的转折期，直接关系到产品器官的形成和产量，特别是早期产量。小番茄属于开花和坐果基本同时进行的植物。在适宜环境条件下，开花1 d 后，萼片、花瓣就完全展开，花冠的颜色也呈浓黄色，此时花药开始裂开。同时被花药包围的花柱不断伸长，柱头不断接触已开的花药筒，使花粉落到柱头上，完成授粉，进而完成受精、坐果的过程。开花坐果期需平衡营养生长与生殖生长，在确保植株健壮（如叶片浓绿、茎秆粗壮）的同时，注意保花保果。

四、结果期

以第 1 花序果坐住到采收结束（拉秧）为结果期。结果期的长短因栽培条件而异，北方春季露地栽培约为 70 d，现代温室栽培结果期可达 9~10 个月。果实的大小、成熟早晚与结果期的环境条件，如温度、光照、养分、水分等有密切关系。

小番茄是陆续开花连续结果作物。第 1 花序果实膨大生长时，第 2、第 3、第 4花序也在不同程度地分化和发育，同时茎叶生长也在不断进行。这一时期各层花序及同一花序不同花（果）之间、营养生长与生殖生长之间存在着激烈的养分争夺。栽培上应通过植株调整，维持合理的叶面积，调整好秧果比例，后期应注意保持功能叶片的健壮，维持叶片的光合作用能力，以达到高产。

【课程资源】

小番茄的生长阶段

任务三　小番茄对环境条件的要求

小番茄具有喜温、喜光、怕热、耐肥及半耐旱的习性。在春秋气候温暖、光照较强而少雨的气候条件下，有利于营养生长及生殖生长，产量高，品质好。在夏季多雨、高温或冬季低温、光照不足等条件下，生长弱，病害严重，产量低，品质差。

一、温度

小番茄是喜温性但耐低温的果类蔬菜，不耐高温。番茄生长发育最适温度白天为 20~28℃，夜间为 15~18℃。温度降到 10℃ 以下生长缓慢，在 5℃ 时停止生长。–2~–1℃ 时番茄会被冻死，但经耐寒性锻炼，可在短时间内耐 –2℃。番茄生长最适地温为 20~23℃，30℃ 以上或 13℃ 以下植株生长受到影响，并易诱发病毒病。温度达到 40℃ 时停止生长，45℃ 时会发生高温危害，因生理干旱而死亡。

小番茄不同的发育阶段所需温度各不相同。

（一）发芽期

种子发芽的适温为 25~30℃。在 28℃ 下发芽最快，高于 30℃ 时出芽快，但幼苗细弱，一般品种 32℃ 以上停止发芽；低于 25℃ 时出芽速度缓慢，出芽期推迟。当温度降到 11℃ 以下时，停止出芽，且种子容易腐烂。因此，在播种催芽时一定要注意播种床的温度。

（二）幼苗期

要求昼温 27~28℃，夜温 13~14℃。此时若温度过高，下胚轴则快速伸长，导致茎秆生长较快，不利于植株正常生长。若长期处于较低温度，则秧苗生长缓慢，花芽分化提前，易形成畸形花。待真叶长出后，为促进真叶生长，应昼温控制在 22~23℃、夜温控制在 12~13℃ 为宜。

（三）开花坐果期

昼温以 20~28℃、夜温以 15~20℃ 为最适宜温度。温度过低（15℃ 以下）或过高（35℃ 以上），花芽分化延迟，易脱落，影响授粉与受精作用，从而影响坐果率和果实品质。

（四）结果期

正常生长最低温度为 5℃，最高为 35℃，最适温度为 20~25℃。如果昼温高于 32℃，果实发育加快，容易造成落花落果和着色不均，影响商品性状。

二、光照

小番茄属喜光植物，光照强度直接影响番茄果实的产量与品质。适宜的光照强度为 3 万~4 万 lx，光饱和点为 7 万 lx，即当光照强度超过 7 万 lx 时，光合作用速率不再增加。夏茬、秋冬茬前期栽培小番茄遇到光照过强，温度过高且干旱，植株容易感染病毒病，或引起基叶早衰，果实也易发生日烧病，生产上要适当采取遮阴措施。若白天光照不足，且气温偏低，光合作用弱，制造养分少，要适当降低夜间温度，以减少养分消耗，增加养分积累，否则易造成营养不良而落花。

小番茄多数品种对光照时间要求不严，但光照时间过短不利于花芽分化和果实发育，生产上要尽量增加光照时间。每天 8~16 h 的光照时间即可满足小番茄正常生长和发育。

三、水分

水分对小番茄的影响表现为空气湿度及土壤含水量。小番茄枝繁叶茂、蒸腾量较大，需水量多，属于半耐旱蔬菜。空气相对湿度过低会使叶片气孔关闭、卷叶，影响产量。若空气湿度过大，不仅阻碍正常授粉，而且在高温、高湿条件下长势弱，病害严重，且易落花落果。特别是在果实成熟期，若碰上连续雨天，会使果实含水量增加，果实变软，不耐贮运，同时还会引起裂果，严重影响果实商品性。

土壤湿度以维持土壤最大持水量的 60%~80% 为宜。若土壤过于干旱，不但降低了土壤微生物的活性，提高了土壤溶液浓度，而且大大妨碍了根系的生长与活动，使植株生长不良，造成大量落花。这种由于土壤干旱造成落花的现象叫作"旱崩花"。相反，土壤湿度过大、通气不良、根系生长与活动受阻，也会造成大量落花，这种因土壤湿度过大而造成落花的现象叫作"湿崩花"。小番茄在不同生长时期对水分的需求不同。发芽期需水多，要求土壤湿度在 80% 以上；幼苗期至开花坐果前，土壤湿度宜控制在 65%~75%，以促进根系下扎，防止徒长；植株进入果实迅速膨大期，由于茎、叶和果实同时达到最旺盛生长的时期，需水量也最多，要求土壤湿度在 75% 以上，空气相对湿度以 50%~66% 为宜。

四、土壤及养分

小番茄对土壤的适应力较强，除特别黏重、排水不良的低洼易涝地、滩涂地、海岛地外均可栽培，但以排灌方便、土层深厚肥沃、富含有机质的壤土或沙壤土适宜。土壤 pH 值以 6~7 为宜。

小番茄所需养分包含气体和营养两部分。气体包含 O_2、CO_2。小番茄对土壤通气条件要求较高，当土壤含氧量在 10% 左右时，植株生长发育良好，土壤含氧量低于 2% 时，植株则枯死。栽培上适当提高空气中 CO_2 浓度会显著增加产量。营养包含氮、磷、钾等矿质营养元素。小番茄属喜钾蔬菜，在氮、磷、钾三要素中以钾的需要量最多，其次是氮、磷。在结果期，氮、磷和钾需求比例为 1：0.3：1.8。此外，还需要硫、钙、镁、锰、锌、硼等元素。小番茄在不同生育期、不同栽培方式下对营养的需求是有差异的，在生产中提倡增施有机肥，有机肥和化肥合理配施，不仅有利于增产增收，还能减轻病毒病等病害的发生。

【课程资源】

小番茄对环境条件的要求

练习思考题

一、选择题

1. 小番茄属深根性作物，根系较为发达，大部分根群分布在（　　）cm 深的土层中。

  A.10~30   B.30~50

  C.20~40   D.40~60

2. 小番茄为两性完全花，通常低于 15℃ 或高于（　　）均不利于开花、授粉。

  A.15℃   B.25℃

  C.35℃   D.45℃

3. 结果期的长短因栽培条件而异，现代温室栽培结果期可达（　　）个月。

  A.3~5   B.4~6

  C.6~8   D.9~10

4. 小番茄结实的最低温度为 5℃，最高为 35℃，而最适温度为（　　）℃。

  A.15~20   B.20~25

  C.25~30   D.30~35

5. 小番茄对土壤的适应力较强，土壤 pH 值以（　　）为宜。

  A.5~6   B.6~7

  C.7~8   D.8~9

二、填空题

1. 小番茄植株由 _____、_____、_____、_____、_____ 及种子所组成。

2. 小番茄根系的分布位置及发育状况主要与 _____、_____、_____ 和耕作等条件有关。

3. 小番茄的生育期包括 _____、_____、_____ 和 _____。

4. 小番茄具有 _____、_____、_____、_____ 及半耐旱的习性。

5. 小番茄属于自花授粉作物，天然杂交率 _____。

三、判断题

1. 无限生长型小番茄植株茎较软，植株高大，可达 2 m，需支架或吊蔓栽培。（　　）

2. 小番茄多数品种对光周期要求不严，但短时间光照不利于发育，生产上尽量增加光照时间。（　　）

3. 小番茄是喜温性但耐低温的果类蔬菜，耐高温。（　　）

4. 小番茄根系再生能力强，茎节上易发生不定根，扦插易成活。（　　）

5. 小番茄茎多为半直立性或半蔓生性，个别品种为直立性，分枝形式为合轴分枝（假轴分枝），茎端形成花芽，侧枝代替主枝继续生长。（　　）

四、思考题

1. 简述设施栽培小番茄对环境条件的要求。

模块三　设施小番茄育苗技术

项目一　设施小番茄育苗设施

🍓 **学习目标**

知识目标

了解设施小番茄育苗设施，能操作生产中所用的育苗设施。

能力目标

了解并熟练操作设施小番茄育苗设施，有助于更好地进行设施小番茄的生产。

价值目标

培育壮苗对于小番茄产量具有极其重要的意义，通过熟悉育苗设施，有助于更好地进行生产管理安排。

任务一　设施小番茄温室育苗

温室育苗，指在加温的温室或不加温的日光温室内采用穴盘或营养钵播种进行育苗。温室具备保温性强、管理便捷、抗逆性（如防寒、防风）突出等优势。温室育苗方法是小番茄最主要的育苗方式，采用大型温室穴盘苗床可以工厂化大量生产适龄小番茄商品苗供应棚室栽培。

一、设施与基质准备

工厂化大量商品化育苗多采用无土基质、育苗穴盘或营养钵在保温性能好的棚室中育苗。无土基质一般采用草炭、蛭石与复合肥等混合使用，小番茄育苗穴盘一般采用72孔穴盘，苗盘长60 cm，宽24 cm，高5 cm。育苗营养钵为8 cm×10 cm或10 cm×10 cm规格。育苗盘、钵可放在地面，也可置于育苗架上。置于地面时，需先做成1~1.5 m宽的平畦，平整畦面，地面铺一层旧棚膜或地膜，以防地下土传病害和保持水分，再加盖小拱棚或直接盘面覆地膜保湿保温，出苗后揭除。育苗架多为焊制的铁架，骨架用5 cm×5 cm的角钢或直径5 cm的圆钢焊成，高1 m左右，宽1.5~2 m，长3~4 m，上铺钢丝网或保温钵板，再将穴盘、钵置于架上。

二、苗床搭建与管理

为便于操作管理，温室育苗的苗床一般宽1~1.5 m，长5~10 m，穴盘或营养钵采用配制的营养基质土，苗床东西或南北方向延长。必要时可在苗床上加设塑料小拱棚保温，用细竹竿或铁丝作拱架，覆盖薄膜，小拱棚高度为0.5~1 m。在寒流来临前，日光温室还可采取在小拱棚上加盖稻草苫等措施保温。

【课程资源】

设施小番茄温室育苗

任务二　设施小番茄电热温床育苗

一、电热温床育苗

电热温床育苗是利用电加温线，通过电能转变为热能进行土壤加温，从而有利于小番茄幼苗根系的生长，增强其吸收功能，便于培育出适龄壮苗。电加温线一般由塑料绝缘层、电热丝、导线接头和引出线等部分组成。绝缘层由聚乙烯做成，具有绝缘、导热、耐水、耐酸、抗盐碱性能；电热丝是电加温线的发热元件；导线接头用来连接电加温线和引出线，不漏电、不漏水；引出线为普通铜芯电线，一般长2 m左右，用来接通电源。冬春季节在棚室中采取电加温线育苗，有利于对育苗基质土的增温保温，操作方便，利用电热温床易于加温、控温的特点，还可有效克服灾害性天气的不良影响，是一种培育壮苗简单易行的技术措施，特别适用于缺乏加温条件的日光温室或大棚。

二、电加温线构造与参数

电加温线功率多为600~1 200 W，长度为40~80 m。电加温线表面温度可达50~65℃，冬季小番茄育苗时，每平方米电热苗床所需的功率为10~14 W，布线间距为6~15 cm。

三、苗床铺设流程

铺设电加温线前，先做好苗床。苗床一般宽1.3~1.5 m，长度按需而定。地下式苗床深15~20 cm，地上式苗床深5~10 cm。地下式苗床保温性强，适合严寒地区；地上式苗床利于排水，适合地下水位高的区域，要求苗床底要平整、踩实，并铺设隔热材料，在其上铺设电加温线。

电热温床育苗时首先在苗床内先按确定好的布线间距插好固定桩，用来在电加温线折返处固定，固定桩长20 cm，地上部分留5 cm，就近取材，多为细竹竿。铺设时从苗床一端开始，沿固定桩均匀布线，要拉紧，使电加温线紧贴床面，并在两头处在固定桩上结套固定。铺好电加温线后，在其上覆1~2 cm厚土，踏实，地下式苗床再覆盖已配制好的营养床土，地上式苗床即可在线上放置育苗盘、钵等。

四、安全操作要点

铺设电加温线时应注意：

1.电加温线的电阻是额定的，使用时绝对不能剪短或截断使用，也不能成圈状在空气中通电；

2. 布线时只能在引出线上打结固定，电加温线不能打结、交叉、重叠；

3. 在单相电流中要并联使用电加温线；

4. 育苗结束后，从苗床中取出电加温线时，不能生拉硬拽或用铁铲挖掘，以避免拉断或损坏绝缘层，取出后要擦干泥土，妥善保存；

5. 使用旧线前，应进行绝缘检查，一般使用电加温线时，在其引出线前安装 1 个电源开关，夜间地温较低时通电加温，地温升高后断电保温，可设专人负责或采用自动控温仪自动控温，以保证地温满足需要。

【课程资源】

设施小番茄电热温床育苗

任务三 设施小番茄夏季遮阳育苗

一、育苗场景

为延长小番茄坐果采收期，提高经济效益，可采用大棚秋延后或温室越冬长季节栽培方式进行生产，此时育苗需要在盛夏高温的 7 月进行，应重点注意遮阳降温，以防止高温幼苗徒长或过度蒸发导致的幼苗缺水。可采用防虫网小拱棚穴盘育小苗，棚顶覆盖塑料膜以防雨水，塑料膜上覆盖遮阳网必要时遮阳降温。

二、设施与基质准备

越冬长季节栽培的夏季育苗多采用工厂化大量生产商品苗，一般采用穴盘基质育苗，通过环境控制和病虫害综合预防措施生产适龄小苗，夏季育苗苗期 20 d 左右。无土基质一般采用草炭、蛭石与消毒有机肥混合使用，有机肥比例为 1% 即可。小番茄育苗穴盘一般采用 72 孔穴盘，苗盘长 60 cm，宽 24 cm，高 5 cm。

三、播种与管理要点

育苗盘可放在地面或置于育苗架上。置于地面时，需先做成 1~1.5 m 宽的平畦，平整畦面，地面铺一层旧棚膜或地膜，以防地下土传病害和保持水分，畦面覆盖旧报纸或遮阳网保湿，待出苗后揭除。应特别注意防治温室白粉虱等害虫，可通过防虫网、黄板或药剂喷施加以解决。

【课程资源】

设施小番茄夏季遮阳育苗

项目二　设施小番茄育苗技术

学习目标

知识目标

了解设施小番茄常规育苗、嫁接育苗等技术，能操作生产中常用的育苗技术。

能力目标

了解并熟练操作设施小番茄育苗技术，有助于更好地进行设施小番茄的生产。

价值目标

培育壮苗对于小番茄产量具有极其重要的意义，了解育苗技术，有助于更好地进行生产管理安排。

小番茄在生产中所用的育苗方式与设备多种多样，具有明显的地域性。根据育苗保护地分为露地育苗、冷床育苗（阳畦育苗）、温床育苗、温室育苗以及塑料棚育苗。根据育苗方式分为常规育苗、嫁接育苗、扦插育苗和工厂化育苗4种，其中前2种方式在生产中应用最为广泛。常规育苗包括穴盘育苗、营养钵育苗、苗床/苗畦育苗等，生产中常规育苗多指穴盘育苗。穴盘育苗具有操作简便，保护根系，易于管理，提高苗室利用率、出苗率，利于壮苗等优点，在生产中广泛应用。

任务一　设施小番茄常规育苗

一、穴盘

小番茄育苗可选用聚乙烯塑料穴盘（如图3-1）或聚苯泡沫穴盘，72~128孔。穴孔大小对幼苗生长影响很大，穴孔大，则容积大，基质多，通气性佳，pH值稳定，利于促进幼苗生长，缩短生育期。虽然穴孔小，生产成本低，但基质容积小，基质通气性差、含水量高，盐类累积很快，生长易受到阻碍，育苗技术难度较高。因此，小番茄穴盘育苗以72穴为宜，孔径为4.0 cm×4.0 cm。

图3-1　聚乙烯塑料穴盘

二、基质

适合小番茄穴盘苗生长的基质应具备保肥保水力强、透气性佳、容重较小、成本低等特点。

（一）物理特性

基本要求基质容重0.3~0.8 g/cm^3，总孔隙度65%左右，通气孔隙度15%~20%，电导率≤0.75 mS/cm，最大持水量不低于140%，基质中的液态含量在40%以上，气体含量保持在10%~30%，pH值为6~7，无病原菌、虫卵和有害物质，可以含益生菌群。

（二）营养成分

初始基质的氮含量40~60 mg/kg，磷、钾同氮，中微量元素适量。电导率（EC值）为1.5~1.8 mS/cm（1∶2稀释法）。

（三）原料来源

配制基质一般就地取材，选择草炭、蛭石和珍珠岩等。草炭直径为1~8 mm，蛭石直径为3~5 mm。常用的育苗基质配方为草炭∶蛭石∶珍珠岩为6∶1∶3或5∶1∶4

（体积比，下同），或菜园土：腐熟厩肥为 6：4，或腐熟羊粪：草：珍珠岩为 1：1：1，或蚯蚓粪：蛭石为 2：1，或腐熟鸡粪或猪粪、园田土和煤渣为 3：4：3。

（四）消毒灭菌

基质、穴盘、播种用具、保护地、操作场地等要消毒灭菌。

1. 保护地消毒灭菌。保护地大棚使用前要用硫黄烟雾消毒，每平方米用量为 15~20 g，点燃焚烧，密闭 12 h 后再打开通风换气。

也可用高锰酸钾＋甲醛消毒，按 2 000 m² 温室标准，将 1.65 kg 甲醛加入 8.4 kg 开水中，再加入 1.65 kg 高锰酸钾，产生烟雾，封闭 48 h 后打开，散尽气味后使用；或选用高温闷棚法，选择夏季闲时连续晴好天气，密闭棚室 2 周以上，保持温度在 55℃ 以上，可有效杀灭棚室内病原菌、害虫及虫卵。

2. 拌料场地消毒灭菌。拌料场地使用前宜使用高锰酸钾 2 000 倍液或 70% 甲基硫菌灵可湿性粉剂 1 000 倍液喷洒灭菌。

3. 穴盘和用具消毒灭菌。新穴盘和其他用具可以直接使用，旧穴盘、农具使用前用福尔马林 100 倍液喷洒，然后用地膜覆盖密闭 4~5 d 后揭膜，甲醛挥发后即可使用；或用高锰酸钾 2 000 倍液浸泡 10 min，2% 次氯酸钠水溶液中浸泡 2 h 后用清水冲洗干净，晾干备用。

4. 基质消毒灭菌。在混配基质或基质加水时加入杀菌剂，可用 60% 代森锰锌和 50% 多菌灵 400 倍液，均匀喷洒在基质上。也可每平方米基质加入 50% 多菌灵或 75% 甲基托布津可湿性粉剂 150 g。

三、播种技术

（一）种子处理

1. 浸种。浸种的方法很多，小番茄主要采取温汤浸种和药液浸种。温汤浸种的方法是：将种子盛在纱布袋中，置入 50~55℃ 的温水中，不断搅拌种子 20~30 min，随后让水温逐渐下降或转入 25~30℃ 的温水中继续浸泡 4~8 h，除去秕籽和杂质，用清水洗净附于种皮上的黏质，待种子风干后播种。药液浸种应有针对性地为预防某种病害而选取相应的药剂。如果是防治小番茄早疫病，先用温清水浸种 3~4 h，再浸入福尔马林 100 倍液中，20 min 后捞出并用清水冲洗干净再催芽或播种。

2. 催芽。催芽分为播前催芽和播后催芽，可按照种子量的多少选择催芽箱、恒温催芽箱和其他简易催芽器具等进行催芽。播前催芽即催完芽再播种。在催芽过程中，关键是控制温度，其次是调节湿度和进行换气，小番茄种子催芽的温度为

25~28℃。为保证氧气和适宜的水分，应每隔 6 h 左右翻动 1 次，并根据干湿程度补充一些水分，必要时可进行冲洗，以清除种子表面上的黏质。在这样的催芽条件下，小番茄种子经 2~3 d，70% 的种子露芽时即可播种。播后催芽是指播种后将播种盘放在适宜环境催芽。生产中一般在播种覆土后，将穴盘置于苗床上，盖一层地膜保湿，当种芽伸出时，及时揭去地膜。也可将穴盘错开垂直码放在发芽室中，覆盖一层白色地膜保湿，并经常向地面洒水增加空气湿度，控制催芽温度与湿度，催芽时间随温度而不同，一般白天保持在 25~30℃，夜间保持在 20~25℃，催芽需 3~4 d。

（二）基质装盘

基质装盘前每立方米育苗基质中加入 1~1.5 kg 三元复合肥，调节基质含水量至 55%~60%，即用手紧握基质，有水印而不形成水滴，并堆置 2~3 h 使基质充分吸足水。将备好的基质装入穴盘中，用刮平板从穴盘的一端向另一端刮平，使每个穴孔基质平满且清晰可见。

（三）播种

每亩栽培田一般用种量为 25~30 g。将装满基质的穴盘排放在苗床上，喷透水。使用压穴器或码盘方式，在穴盘孔上均匀用力压穴，穴深 0.5 cm。采用人工或者机械点播，每穴播种 1 粒种子，种子位于穴中央。

播种覆盖：低温季节宜用蛭石覆盖，高温季节宜用珍珠岩覆盖。生产上通常采用育苗基质或者土壤直接覆盖，厚度为种子直径的 2~3 倍，将覆盖好的穴盘喷至穴盘渗出水即可。

（四）出盘

播后催芽需要进行出盘处理。在催芽期间，于每日上下午检查种子萌发程度。在胚根超过 0.5 cm 之前，停止催芽，并将穴盘移入苗床进行浇水、光照处理，避免徒长及根系与基质结合变差，影响种苗品质。

四、苗期管理

温度管理是小番茄穴盘育苗的核心，其次是湿度管理。生产管理上应注意保持秧苗较佳的营养生长，预防病毒病、立枯病等病害发生，培育优质壮苗。

（一）温度管理

夏秋育苗应去掉大棚围裙膜，采用棚顶盖遮阳网降温。冬春育苗采用地热线、暖风机等加温措施增温。

1.出苗期。从播种至子叶微展，约需 3 d，此期主要是为了促进出苗快且整齐，重点是保温，白天温度控制在 25~30℃，夜间在 20℃左右。

2. 破心期。从子叶微展至第 1 片真叶展出，约 4 d。为了促进长根，且不形成高脚苗，主要采取"控"的措施，即温度、湿度一起控。在确保冬春秋苗不受冻的情况下，除了控水控肥外，还应注意控温，多见阳光。夏秋可采取遮盖苇箔或遮阳网降低地温、气温，白天控制在 20~25℃，夜间控制在 12~16℃，拉大昼夜温差，温差宜在 10℃左右；控制浇水，降低床土温度。此外，发现植株有徒长迹象，应及时调控棚内温度，避免温度过高，同时遇秧苗拥挤时应及时间苗。

3. 旺盛生长期。幼苗 2~4 片真叶时进入快速生长期，也是花芽分化期，应采取促控结合的管理措施，控制适宜的温度，促进叶片发生和花芽分化同时进行，昼 / 夜气温为 20~25℃ /12~15℃，如果有徒长趋势，可短时间将夜间温度降至 8~10℃，时间不宜过长，一般 3~4 d。定植前 7~10 d 进行降低温度炼苗，保护地温与育苗的温度相当。为了防止低温影响花芽分化，造成前三穗出现畸形果、裂果、空洞果等，可以不低温炼苗。

（二）光照管理

小番茄对光照比较敏感，光饱和点为 70 000 lx，光补偿点为 2 000 lx，正常生长发育需要的光照强度为 30 000~35 000 lx，生产中尽可能增加光照强度和光照时数。夏秋育苗须采取遮阴措施，防止强光灼伤幼苗，于晴天每天下午 3 时后和阴雨天要揭去灰色或黑色遮阳网。冬春育苗时，日光温室等保护地上的保温被、草帘等要早揭晚盖，在阴雨天也应揭开，增加棚内光照，也可挂反光幕，或配以植物补光灯补充光照。

（三）湿度管理

主要包括空气湿度和土壤湿度。灌溉水要求优良，不能施用硬水及含重金属、有毒离子及微生物的污水。穴盘育苗供水需均匀，以喷灌和人工补水相结合。为保持基质湿润，在床温不过高的情况下，一般不宜揭除覆盖物。受制于穴盘规格，幼苗生长难免存在遮蔽光线及湿度不均造成的生长不齐，因此维持正常健壮生长，防止幼苗徒长，水量的平衡供应是重要的。通常育苗期间应保持基质湿润，不需控水，基质相对含水量以 80%~90% 为宜。浇水要根据基质湿度、天气情况和秧苗大小来确定水量。阴天和傍晚不宜浇水，更不宜等到秧苗萎蔫再浇水。在秧苗生长初期，基质不宜过湿，秧苗子叶展平前尽量少浇水；子叶展平后供水量宜少，晴天每天浇水、少量浇水和中量浇水交替进行，基质宜见干见湿；秧苗 2 叶 1 心后，中量浇水与大量浇水交替进行；需水量大时可以每天浇透。

定植前 7~10 d 控水促根生长，定植前一天浇透水，以利起苗。在遵循以上浇水原则的前提下，高温季节浇水量加大甚至每天浇 2 次，低温季节浇水量减少，浇水后要适当通风降低湿度。灌溉用水的温度宜在 20℃ 左右，低温季节水温低时应当先加温后浇施。每次浇水前应先将管道内温度过高或过低的水排放干净。空气相对湿度应保持在 60%~70%，可通过洒水、喷雾等措施增加湿度，通过通风等措施降低湿度。

（四）养分管理

穴盘育苗宜用全溶性全营养肥料，如氮、磷、钾为 20：20：20 水溶肥、15：15：15 复合肥。每次浇水时施肥，肥料随水施入，宜在早上见光 1~2 h 后进行。高温季节育苗时，肥料浓度宜低，自子叶展平开始施肥。低温季节育苗时，肥料浓度宜提高。此外，在番茄 3 片真叶后，叶面适量喷施 0.1%~0.2% 磷酸二氢钾溶液 +0.2% 尿素溶液。

（五）株形控制

主要是控旺，防徒长，培育壮苗。待真叶长度达到 1 cm 时，可喷施 10 mg/L 多效唑，3~4 d 后看具体情况喷 15 mg/L 多效唑，以叶面有一层均匀水雾为宜，不可成滴流下。在秧苗中后期可通过控制水分来调节温度，以控制株高，增加茎粗，也可叶面喷施叶面肥。

五、成苗标准

秧苗健壮，株顶平而不突出，株高 20 cm 左右；茎秆粗壮，茎粗 0.4~0.6 cm，节间短；5~6 片真叶，叶色深绿；第 1 花序现蕾但未开放；根系发达、侧根数多，呈白色，根毛无损伤，无病虫害，无老化苗，无僵苗。

六、育苗常见问题

（一）带帽出土

图 3-2　带帽出土

带帽苗是指种子出苗时没有将种壳留在土内，种壳夹着子叶一起出土，见图 3-2。这种带帽苗降低了叶片光合效率，影响幼苗生长。多因种子成熟度不够，贮藏过久，种壳受病虫等危害，使种子的生命力降低，出土时无力脱壳，从而发生带帽现象。再者，播种后覆土或基质太薄、太轻，压力太小，也会使幼苗带帽出土。此外，灌水不及时，导致表土过干，抑制出苗。针对带帽苗，可选用当年饱满无损质量好的新种子或存放 1~2 年的陈种，播后覆土或基质厚度要适当，不宜太轻太薄，浇水要及时充足；出苗期若发现种子带壳，可采取喷水软化，人工辅助脱壳，或均匀喷洒一遍水后再覆盖一层土或基质，帮助种子脱壳。

（二）出苗不齐

出苗不齐包括同一育苗架 / 床同一部位穴盘出苗不一致，同一育苗架 / 床不同部位出苗不一致。一是种子品质差，如成熟度不一致、新陈种子混杂、催芽不均等使发芽不齐；二是育苗架不平或喷水不均匀，以及保护地内各区域温度、湿度、光照不均导致出苗不齐；三是播后覆土或基质厚度不一致，或者育苗基质含有未完全腐熟的有机肥等，导致出苗不齐。在播种前要精选种子，保证催芽整齐一致，做好育苗基质消毒灭菌，平整好苗架 / 床等，如果苗室环境不一致，可以采用挪盘方式，保证秧苗生长整齐。

（三）高脚苗

小番茄苗徒长形成高脚苗，表现为茎细弱、节间长、叶薄淡绿、叶柄长，有的子叶以下纤细瘦弱，子叶以上粗壮，见图 3-3，抗病力及抗逆性差，光合水平低，定植后缓苗慢，成活率低。主要原因是基质湿度过大、光照不足及温度过高。为避免"高脚苗"应采取如下措施，一是根据育苗季节确定穴盘的浇水量，避免浇水后穴盘内长时间保持较高的基质湿度，低温期少浇水，高温期

图 3-3 高脚苗

可适当多浇水；二是保证苗床充足的光照，保持薄膜洁净，提高透光率，增强光照，冬春育苗可以进行人工补光；三是适当拉大昼夜温差，适当降低夜温，白天 25~30℃、夜间 14~15℃为宜，中午温度过高时可适当覆盖遮阳网。

（四）老化苗、黄化苗、僵化苗

老化苗表现为生长缓慢或停滞，根系老化生锈，茎矮化，节间短，叶片小而厚，叶色深暗无光泽，组织脆硬无弹性，定植后发芽慢、长势弱、产量低，如"花打顶"现象，也被称为"小老苗"。主要与基质过干、地温过低、苗龄过长、营养不足、水分控制过严、炼苗过度等有关，在栽培上应做到合理浇水，适宜控温，避免蹲苗、炼苗时间过长。

黄化苗表现为幼苗从子叶就开始黄化，然后扩至全株叶片，生长停滞，严重时叶片枯黄脱落，顶叶变色卷曲，近根基部长出不定根，地下根腐烂变褐，无新根发生。

主要与基质湿度过大、根系缺氧有关。苗期浇水要适量。

僵化苗表现为苗叶小、色深，茎细、节短，生长缓慢，根系少等。主要原因是苗龄过长，秧苗长期处在低温、施肥不足、干旱环境中生长等。为防止秧苗僵化，管理上保证适宜的温度和水分，避免基质营养不足和烧根，根据苗情和天气情况适度炼苗，还可喷 10~30 mg/L 的赤霉素。

（五）闪苗和闷苗

闪苗是指秧苗不能迅速适应温湿度的剧烈变化而导致猛烈失水，并造成叶缘上卷、干枯，叶片干裂的现象。闷苗是由于保护地升温过快、通风不及时所造成的秧苗凋萎现象。前者是通风剧烈或寒风入侵，致使苗床空气交换加速，引起床内温湿度骤然下降引起的寒害。后者是连续阴雨天气，苗床低温高湿、弱光下幼苗瘦弱，抗逆性差，骤晴后苗床苗表现的光温害。闪苗和闷苗与幼苗质量、温度、空气湿度都有关系。如果苗床或畦内长期不通风，大棚保温，湿度大，幼苗生长过嫩，这时突然通风，外界温度较高，空气干燥，幼苗会因突然失水而出现凋萎，叶细胞由于突然失水过度，很难恢复，轻者叶片边缘或网脉之间叶肉组织干黄，重者整个叶片干枯，引发闪苗。如果保护地温度上升过快过高，通风不及时会造成叶片烧伤，引发闷苗。生产中可采用培育壮苗、加强通风管理等措施。危害较轻，可在幼苗稳定后，根据情况适量喷水，或磷酸二氢钾溶液叶面肥，或 100~300 倍液的食醋液，然后用百菌清或甲基硫菌灵等广谱性杀菌剂防止受伤后感病。

（六）寒根、沤根、烧根

寒根指因苗床地温太低，造成的根系生长受限、根系生长不良的现象。可采取提高地温的措施避免。沤根是因营养土或育苗基质水分过大，通气不良，温度过低等造成的根系变黄、表皮腐烂等现象。育苗管理过程中宜保持适宜的温度，加强通风排湿，控制浇水量，增加通透性，特别是连阴天不浇水。烧根是因施肥过量（特别是氮肥），基质干旱，或施用未腐熟的有机肥而对秧苗根系造成的伤害，表现为根尖发黄，须根少而短，不发新根，但不烂根，地上部叶片小，叶面发皱，叶色暗绿，边缘焦黄，植株矮小，严重时秧苗成片死亡。为防止寒根、沤根、烧根，营养土或基质尽量少用或不用化肥，有机肥需充分腐熟；视苗情、墒情和天气情况，适当增加浇水量和浇水次数，降低土壤溶液浓度，或者换育苗基质、营养土。

【课程资源】

设施小番茄常规育苗

任务二　设施小番茄嫁接育苗

嫁接育苗是把要栽培蔬菜的幼苗、苗穗（即去根的蔬菜苗）或从成株上切下来的带芽小段，接到另一野生或栽培植物（砧木）的适当部位上，使其产生愈合组织，形成一株新苗的育苗方法。

一、嫁接育苗作用

（一）增强抗病性，降低农药污染

在保护地连作重茬的地块栽植嫁接苗，番茄嫁接常采用曼陀罗等植物作为嫁接砧木，嫁接苗不以自生根从栽培介质中吸收营养，避免土传病害虫害的侵染。同时，由于嫁接苗生长旺盛，抗逆性增强，能有效减轻叶片等部位的病害发生。如嫁接后能防止或减轻小番茄根腐病、根结线虫病等病害的发生，有效减轻农药的污染和小番茄产品的农药残留。

（二）提高肥水利用率，节水减肥

嫁接苗利用砧木根系发达、吸收能力强的特点，提高土壤肥水的利用率，降低水肥用量。

（三）增强抗逆性，改善品质产量

嫁接砧木野生性较强、根系发达，生长势强、植株健壮，可提高小番茄抗低温、干旱、盐碱等的能力，也可以有效延长结果期，缩短果实生育期，产量增加较为明显，一般可增产 20% 左右。同时，还能改善果实的风味，如小番茄涩味等。此外，采用嫁接育苗技术，幼苗成活率高，可实现多种蔬菜地上地下双收获等目标。

二、砧木选择原则

选择嫁接砧木时首先要考虑砧木与接穗的亲和性，一般选择与接穗具有较高亲和力的砧木，通常砧木与接穗亲缘关系越近，亲和力越强。其次要选择高抗且抗性稳定的砧木，根据抗病、抗逆（低温、高温、高湿、盐碱）等不同特性，选用适合相应的栽培季节和栽培形式的砧木。砧木的抗病和抗逆能力对蔬菜品质具有重要的影响。嫁接后不改变果实的形状、色泽、口感、风味，不出现畸形果等，且能提高产量。此外，不影响植株的生长势，也不造成植株徒长。

三、常用的砧木品种

目前小番茄嫁接栽培所用砧木主要是抗病野生小番茄、野生茄子和其他茄科类

植物，品种数量较少，主要砧木品种有板砧 2 号、托鲁巴姆、宝砧 1 号、曼陀罗。

四、穴盘的选择

嫁接育苗须选用标准穴盘，砧木播种选择 72 孔穴盘，接穗播种选择 128 孔穴盘。

五、基质

参阅小番茄穴盘育苗技术。

六、播种

（一）种子处理

砧木种子成熟后，一般具有极强的休眠性，发芽困难。可以用 100~200 mg/L 赤霉素，在 20~30℃条件下浸泡 24 h 左右即可打破休眠（注意：赤霉素的使用浓度不宜过高，否则易造成出芽后的徒长；如果温度过低会影响处理结果），而后用清水冲洗后即可催芽。可采用变温催芽，在 15~20℃条件下催芽 16 h，在 30℃左右条件下催芽 8 h，经 8~10 d 基本出芽。

（二）播种时间

嫁接小番茄育苗时间要比正常育苗时间提早 20~25 d。注意砧木的播种期比接穗播种期应适当提早。在一般情况下，板砧 2 号早播 5 d 左右，托鲁巴姆早播 25 d 左右，曼陀罗早播 5~10 d。接穗和砧木播种比例是 1∶0.75。

（三）播种方法

参阅小番茄穴盘育苗技术。

七、嫁接

嫁接前 1 天或当天对砧木苗和接穗苗喷 1 次 50% 多菌灵或 75% 百菌清等保护性杀菌剂，然后再进行嫁接，以防止嫁接后高温高湿条件下病害的发生。常用的方法有劈接、靠接、舌接、插接、斜接等。

（一）劈接法

当砧木具 6~7 片真叶，接穗具 4~5 片真叶、茎粗达到 5 mm 时，选择阴天或晴天15 时后进行嫁接。沿砧木中间劈下 1.2 cm，选茎粗与砧木相近的接穗苗倒拿，在顶芽下第 2 片真叶下方，向下斜切一刀，切口长 1.2 cm，再在切面斜切一刀，切口长1.0 cm，将接穗插入砧木切口，用嫁接夹夹好。接穗叶子过长的要切去一半，如图 3-4。

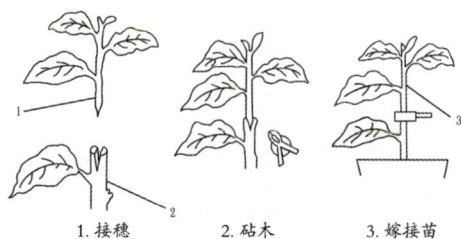

1.接穗　2.砧木　3.嫁接苗

图 3-4　劈接法

（二）斜切套管嫁接法

接穗有 2~3 片真叶，苗高 10~12 cm，砧木有 3~5 片真叶，苗高 12~14 cm 时嫁接。先用消毒好的刀片在接穗第 1 片真叶下方 7~10 cm 处将接穗向下斜切，去掉下部，其切线与轴心线呈 45°，要求切面平滑；迅速套上 1~1.5 cm 的套管，套管要求套入接穗约 1/2 处；然后用刀片将砧木离根系 10~12 cm 以上的真叶向上斜切，去掉上部，其切线与轴心线呈 45°，要求切面平滑；接着迅速与接穗套管对接，要求接穗和砧木斜面紧密对齐，以利伤口愈合，如图 3-5。

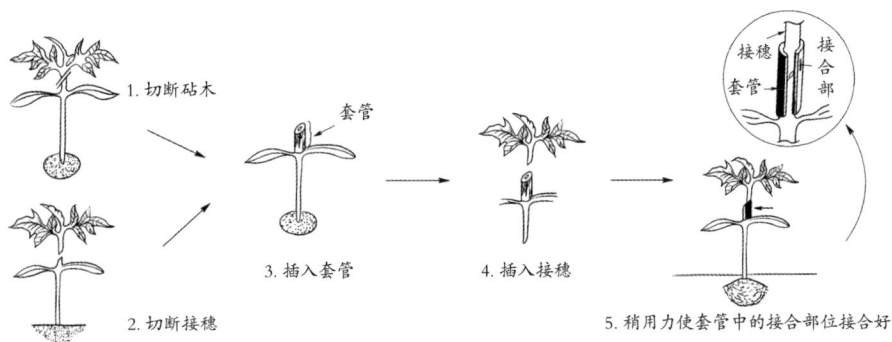

图 3-5　斜切套管嫁接法

（三）贴接法

当砧木、接穗 5~6 片真叶时即可嫁接。在砧木苗第 2 片和第 3 片真叶之间用刀片斜切一刀，在砧木苗下部留 2 片真叶，削成呈 30° 的斜面，切口斜面长 0.6~0.8 cm；接穗苗上留 2 叶 1 心，将接穗苗的茎在紧邻第三片真叶处用刀片斜切成 30° 斜面，斜面的长度在 0.6~0.8 cm；尽量与砧木的接口大小接近；将削好的接穗苗切口与砧木苗的切口对准形成层，贴合在一起，用方形夹子夹住嫁接部位即可，如图 3-6。

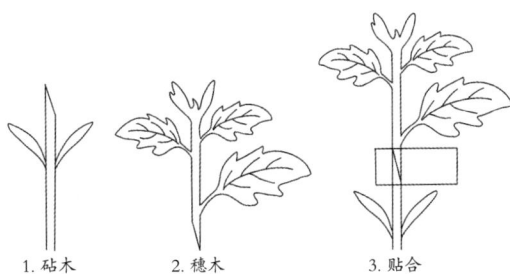

图 3-6　贴接法

（四）靠接法

靠接法最适时期是砧木长出 5~6 片真叶，接穗长出 4 片真叶，并且接穗苗直径相当于砧木苗直径 1/2 时。嫁接时，需先拔出砧木与接穗，抖掉根系附着的基质，然后将砧木去生长点，并在子叶下 1~2 cm 处用刀片自上向下沿 30°~40° 斜切 0.8 cm，接穗在子叶下 2.5 cm 处自下向上沿 30°~40° 斜切 0.8 cm，注意切口不要超过茎粗的 1/2；将砧木和接穗的切口对到一起，互相衔接贴紧插入，用嫁接夹或薄铝片固定；将砧木和接穗一同栽入土壤中，并使砧木和接穗的根保持一定的距离，交叉呈"十"字形，以利于光合作用，如图 3-7。

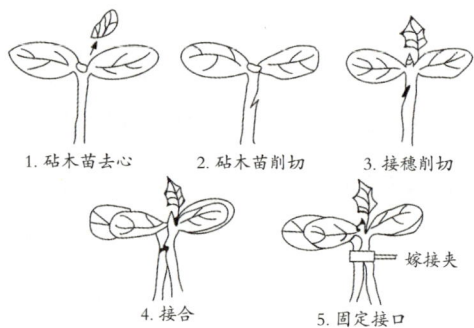

1. 砧木苗去心　2. 砧木苗削切　3. 接穗削切
4. 接合　5. 固定接口

图 3-7　靠接法

八、嫁接后管理

（一）温度管理

嫁接后 7~10 d，控制昼温在 23~28℃、夜温在 18~20℃，最好不要高于 30℃和低于 15℃。

（二）湿度管理

嫁接前 3 d、嫁接后 3 d 保持棚室湿度在 90%~100%。4~6 d 适时通风，每天 1~2 次，清晨或傍晚均可；揭膜通风时间一般在 15~20 min，视叶片干爽为宜，要先小后大，防止苗床内长时间湿度过高造成烂苗。通风后以嫁接苗不萎蔫为宜，通常保持湿度为 85%~95%。

（三）光照管理

嫁接后 3 d 可完全遮光或早晚光弱时见光，4~6 d 周围见散射光，7~9 d 仅中午遮光 2~3 h，10 d 后恢复正常管理。

（四）成活后管理

10 d 后嫁接苗开始生长，转入正常管理阶段，及时摘除砧木的腋芽，拔除未成活苗和感染苗。温度控制在白天 25~27℃、夜间 15℃左右。育苗基质或土壤湿度以见干见湿为原则。当发现表土已干，中午秧苗有轻度萎蔫时，要选择晴天上午适量浇水，水量不宜过大。定植前 5~7 d，要加强通风，降低温度进行炼苗，当嫁接苗 5~8 片真叶时可以定植。

九、壮苗标准

嫁接苗嫁接后愈合良好，生长健壮，茎粗 0.6~0.8 cm，有 5~8 片真叶，整齐，根系发达，无检疫性病虫害。

【课程资源】

设施小番茄嫁接育苗

任务三　设施小番茄扦插育苗

利用小番茄具有较强的分枝和发生不定根的能力，进行小番茄侧枝扦插育苗，育苗时间短，只需 20 d 左右即可定植，坐果早，且比播种育苗要提早 20 d 上市。节约育苗成本，包括种子、人工等费用，育成的苗根系健壮，生长势和抗逆性较强，丰产稳产。

一、苗床设置

在日光温室中选择光照条件好、温度稳定的地段做苗床，苗床宽 1.2 m、长 5 m，土埂高 20 cm（定植每亩需要苗床 60 m²），将床耙平、踏实备用。取大田土 6 份、腐熟的有机肥 3 份、炉灰或河沙 1 份混合拌匀过筛，或用河沙、草炭、细炉渣以 1∶1∶1 比例配制床土，按 1 m³ 苗床土加尿素 2 kg、磷酸二氢钾 1 kg、50% 百菌清可湿性粉剂 30~50 g 或加入 65% 代森锌可湿性粉剂 50~60 g，拌匀后闷 48 h 后铺入苗床内，厚度 15 cm，扣小拱棚提高苗床地温（有条件的，使用地热线更好），以备扦插，也有菜农直接使用锄细的大棚内菜畦作为苗床。

二、扦插

（一）扦插枝的选取

从生长势强、抗逆性强的小番茄植株上选取即将现蕾的侧枝，通常第 1 花序坐果后至收获期内都可选用侧枝，但以第 1 花序下的侧枝为好。方法上可结合整枝选留和培养，作为扦插枝的侧枝要无病，生长健壮，叶色深绿，节间短而均匀，优选长度 10~15 cm、茎粗 0.4~0.6 cm 的侧枝，具 3~4 片功能叶，生长点饱满。

（二）扦插枝的处理

摘除已现蕾的花序，将较大的叶片切除 1/2，同时剪去下部的叶片，留 4 片叶左右，下端切口要平滑，放在室内晾 3~5 h，使伤口尽快愈合。将扦插枝下端 2~3 cm 浸入 50 mg/L 的 NAA 溶液中，浸泡 10 min，或在 20 mg/L 的 ABT 生根粉溶液中浸泡 2~3 h，取出后用清水冲洗，准备扦插。不用任何药剂做处理也可成活，但发根慢，成活率低。

（三）扦插方法

将处理好的枝条，按（10~12）cm×（10~12）cm 一枝插到苗床上，深度 4~5 cm，扦插后适当压实床土，浇足水，扣好小拱棚。

三、扦插后管理

（一）温度管理

扦插后经伤口愈合，白天温度保持在 28~30℃，夜间在 17~18℃，气温超过 30℃时遮阴降温，地温保持在 18~23℃。扦插 15 d 后，待萌发新根转入正常管理，温度白天保持在 25~28℃，夜间在 12~15℃，地温在 8~23℃。定植前 1 周，进行低温炼苗。

（二）肥水管理

扦插后不能通风，保持空气相对湿度在 85% 以上，防止枝叶萎蔫，湿度低时及时向苗床喷洒清水，以苗床表层土壤不干，但也不能积水为最好。生根期追施尿素、磷酸二氢钾、红糖各 0.1% 的混合溶液 1 次，后期追施叶面肥 2 次，注意控制秧苗徒长。若发现有徒长，可喷施微量多效唑。

（三）通风和光照管理

前期以保温保湿为主，光照强烈、气温超过 30℃时需遮阴，遮光率以 50%~60% 为宜，不通风，防萎蔫；中期可增加光照时间和强度，并适量通风，轻微萎蔫及时喷清水，较重时遮阴；后期则完全撤去小拱棚，不再遮阴。

（四）病虫防治

选取的侧枝较健壮，一般无须用农药或喷洒保护性杀菌剂。如有白粉虱，可以挂黄色粘虫板诱杀，或用吡蚜酮、噻虫嗪、啶虫脒、扑虱净、螺虫乙酯等药剂在傍晚喷雾防治，效果较为理想。注意：交替用药，可减轻害虫抗药性的产生。若发现猝倒病病苗，应立即拔除，并喷洒 25% 甲霜灵可湿性粉剂 800 倍液，或 64% 杀毒矾可湿性粉剂 500 倍液，或 70% 安泰生可湿性粉剂 500 倍液，或 72.2% 普力克水剂 400 倍液，7~10 d 喷 1 次，连续 2~3 次。此外，要及时抹除腋芽，促使苗壮。

【课程资源】

四、成苗

扦插 25~30 d 后，扦插枝已形成健壮的完整苗，根长达 5 cm，第 1 花序部分开花时成苗，可以进行定植。

设施小番茄扦插育苗

任务四 设施小番茄工厂化育苗

工厂化育苗又称快速育苗，是利用育苗工厂人为控制催芽出苗、幼苗绿化、成苗和秧苗锻炼等各阶段的环境条件，按规定流程育苗。其特点是育苗时间短、产苗量大、秧苗素质好，适于大批量商品化的秧苗生产。工厂化育苗也是设施小番茄的常用育苗技术之一。

一、育苗设施及设备

目前国内大部分地区工厂化育苗设施还比较简陋，多是利用塑料大棚或简易温室加以改造而成，管理和环境控制仍以手工操作为主，机械化、自动化和秧苗商品化程度仍然较低。极少数地区则是引进和建造机械化、自动化水平高，温度、光照、湿度等自动调控的智能温室进行育苗。

工厂化育苗的设施设备主要有催芽室、绿化室、分苗棚（分苗室）、育苗盘等。

（一）催芽室

催芽室为种子浸种、催芽、出苗用的密闭场所。该室一般用砖和水泥砌成，室内可放 1~2 辆有多层苗架的育苗车，或设多层育苗架，每层间距为 15 cm。

（二）绿化室

该室是供幼苗子叶绿化与生长的场所。绿化室一般采用采光性能好的日光温室或塑料大棚，有条件的地区可采用智能温室，在催芽后到定植前，于智能温室内完成幼苗的绿化及成苗。智能温室有自动调控温度、湿度、光照的设备，并有活动式的育苗床架摆放育苗盘。

（三）分苗棚

分苗棚是供分苗或移苗后育成大苗的场所，可以大棚或日光温室作分苗棚。低温季节育苗时，苗床上扣小拱棚，夜间加盖不透明覆盖物（如草苫等）保温。

现代化智能温室育苗采用穴盘育苗，中间无分苗过程，直接在穴盘中一次性育成苗，故不需分苗棚。

（四）育苗盘

目前国内市场上的穴盘类型较多，培育小番茄、茄子、辣椒、甘蓝、菜花等幼苗，可选用 72 孔或 128 孔盘；288 孔盘多用于培养芹菜苗；培养瓜类蔬菜苗，多选用 48 孔盘。

二、育苗基质

育苗基质是用来固定根系，支持秧苗生长的。育苗基质应具有孔隙度较大、化学性质稳定、对秧苗无毒等理化性质。常用的基质材料有蛭石、草炭、炭化稻壳、珍珠岩、沙、小砾石、炉渣等，炉渣需经 2% 盐酸浸泡 24 h，清水漂洗至中性（pH值为 6.5~7.0），筛除粒径＞5 mm 颗粒才可使用。利用草炭与蛭石混合物、稻谷壳与稻谷灰混合物或烟化的稻谷壳，有利于移植带根和护根，是很好的育苗用基质。

三、营养液

（一）营养液组成

育苗营养液必须具备氮、磷、钾、镁、硫、铁、锌、锰、铜、硼、钼、氯等十多种大量元素与微量元素。无土育苗所使用的化肥和药品及配方有几十种，但常用的无土育苗配方主要有克诺普配方、霍格兰配方等，这些配方中大量元素肥料种类比较集中，差异较小，微量元素肥料及含量可以通用。常用营养液配方见附录 1。

（二）营养液配制

配制营养液应注意以下 3 点。

1. 选择合适的水源。配制营养液的水源最好为软水，不含有害物质，未受污染。

2. 调整合适的 pH 值。营养液的 pH 值直接影响作物对养分吸收及养分的有效性，因此配制和使用营养液时，应对 pH 值进行调整，一般 pH 值应调至 5.5~6.6。

3. 调整合适的电导率值。不同蔬菜作物的耐盐能力不同，营养液要调整至一定的电导率值，过高不利于幼苗的生长发育。多数蔬菜作物育苗期适宜的电导率值为 0.5~1.5 mS/cm。

四、育苗技术

以育苗盘育苗法为例，简述无土育苗技术。

（一）育苗基质准备

目前大规模的商品化育苗采用的以草炭∶珍珠岩∶蛭石为 6∶3∶1 的体积比均匀混合。有些基质，特别是混配基质或使用过的基质，在使用前要进行发酵处理和杀菌消毒处理，以免育苗过程中烧根、烧苗或遭受病虫危害。机械化消毒将混配基质放入消毒机高温杀菌消毒，温度控制在 80℃，杀菌时间控制在 10~15 min。没有消毒机的可采用药剂消毒，每立方米基质加多菌灵 200 g，混合均匀后密封 5~7 d。拌匀后的基质水分，应以手抓起握紧后指尖微微滴水为度。

（二）装盘、压穴

把配好的基质装在穴盘内，用木板刮平穴盘表面，然后用同型号穴盘 3~4 个重叠起来作为压穴器，在装好基质的穴盘上压穴。有条件的可利用播种生产线上的打孔器，调整至适宜打孔深度打孔。

（三）播种

用专用的真空吸附式精量播种机播种或人工播种，每孔播 1 粒种子。

（四）盖种与浇水

播种后，穴盘上的播种穴用蛭石盖平，然后浇水至穴盘底部稍有水渗出为宜。

（五）催芽

把播种后的穴盘放在催芽室内专用催芽架上进行催芽，保持催芽室适宜温度和近饱和的空气相对湿度。在幼芽要露出穴盘基质时，转入绿化室进行培育。

（六）绿化至定植前管理

绿化室保持较强的光照、适宜的温度及良好的湿度条件，以利幼苗生长。育苗盘转入绿化室后，手工操作的温度、光照管理可参照本书普通育苗技术中的要求管理，智能温室育苗可设定具体温度、光照、湿度参数进行自动化管理。

当幼苗有 2 片子叶展平至心叶刚露尖时进行查苗补苗。幼苗有 1~2 片真叶展开时，开始浇灌营养液。正常情况下，应保持育苗盘见干见湿，每次营养液浇灌量以育苗盘底部开始滴水为度。营养液浇灌次数需根据幼苗长势及天气情况确定。夏季育苗，晴天每天浇 2~3 次营养液，阴天根据情况浇 1 次或不浇；冬春季育苗，1~2 d 浇 1 次营养液。

【课程资源】

设施小番茄工厂化育苗

实训技能

技能　设施小番茄电热温床的制作

一、目的要求

电热温床是低温季节蔬菜育苗的常用设施，通过实验实训，熟练掌握电热温床的制作方法。

二、技术环节

（一）试材

电热线、配电盘、插头、控温仪、交流接触器、短木棍、铁锨等。

（二）电热温床的铺设

1. 铺隔热层：为减少热量损失，在电热温床床底用麦秸、稻草等铺设厚度为5~10 cm 的隔热层，然后再撒一层 2 cm 厚的细土。

2. 布线：根据温床长度、宽度、电热线的功率以及蔬菜种类确定布线距离。依布线距离将事先准备好的短木棍固定在温床的两端，然后按"弓"字形布线，使线达到"紧、平、直"的要求，并使两个线头在温床的同一端，以便接插头。有条件的还可接控温仪。

3. 覆土：电热线布好后，撒一层 1~2 cm 厚的细沙，埋上电热线，并通电检查。

4. 注意事项：电热线只能并联，不得串联；电热线不能交叉、重叠、打结；布线、起线时不能硬拉；通电时电热线不得暴露在空气中。

三、考核标准

1. 正确进行铺隔热层操作。

2. 正确布线。

3. 正确覆土且通电检查合格。

练习思考题

一、选择题

1.选用高温闷棚法，选择夏季闲时连续晴好天气，密闭棚室 2 周以上，保持温度在（　　）以上，有效杀灭棚室内病原菌、害虫及虫卵。

    A.35℃　　　　　B.45℃　　　　　C.55℃　　　　　D.65℃

2.拌料场地使用前宜使用高锰酸钾 2 000 倍液或 70% 甲基硫菌灵可湿性粉剂（　　）倍液喷洒灭菌。

    A.800　　　　　B.1 000　　　　　C.1 200　　　　　D.1 400

3.温汤浸种的方法是：将种子盛在纱布袋中，置入 50~55℃的温水中，不断搅拌种子（　　）。

    A.10~20 min　　B.20~30 min　　C.30~40 min　　D.40~50 min

4.催芽过程中，关键是控制温度，其次是调节湿度和进行换气，小番茄种子催芽的温度为（　　）℃，在此过程中，关键是调节湿度和进行换气。

    A.25~28　　　　B.20~25　　　　C.28~30　　　　D.30~35

5.幼苗（　　）片真叶时进入快速生长期，也是花芽分化期。应采取促控结合的管理措施，控制适宜的温度，促进叶片发生和花芽分化同时进行。

    A.2~4　　　　　B.3~5　　　　　C.4~6　　　　　D.5~7

二、填空题

1.设施小番茄的育苗技术多种多样，根据育苗方式分为＿＿＿＿＿＿＿＿＿、＿＿＿＿＿＿＿、＿＿＿＿＿＿＿和＿＿＿＿＿＿＿4种。

2.穴盘育苗具有＿＿＿＿＿＿，＿＿＿＿＿＿，＿＿＿＿＿＿，提高苗室利用率、出苗率，利于壮苗等优点，在生产中广泛应用。

3.适合小番茄穴盘苗生长的基质应具备＿＿＿＿＿、透气性佳、＿＿＿＿＿、成本低等特点。

4.黄化苗表现为育苗从＿＿＿＿＿就开始黄化，然后扩至全株叶片，生长停滞。

5.嫁接育苗是把要栽培蔬菜的＿＿＿、＿＿＿或从成株上切下来的带芽小段，接到另一野生或栽培植物（砧木）的适当部位上，使其产生愈合组织，形成一株新苗的育苗方法。

三、判断题

1. 无限生长类型小番茄植株茎较软，植株高大，可达 2 m 以上，需支架或吊蔓栽培。（　）

2. 湿度管理主要包括空气湿度和土壤湿度。灌溉水要求优良，不能施用硬水及含重金属、有毒离子及微生物的污水。（　）

3. 株形控制的作用主要是控旺，防徒长，培育壮苗。（　）

4. 种子原因，育苗架不平或喷水不均匀，以及保护地内各区域温度、湿度、光照不均等因素都会导致出苗不齐。（　）

5. 黄化苗表现为苗叶小、色深，基细、节短，生长缓慢，根系少等。（　）

四、思考题

1. 简述小番茄育苗的必要性。

2. 简述小番茄温室育苗。

模块四　设施小番茄育苗前的准备

项目一　设施小番茄苗床土的配制及消毒

学习目标

知识目标

了解设施小番茄育苗准备工作，能操作苗床消毒处理技术。

能力目标

了解并熟练操作设施小番茄育苗苗床土的配制、消毒处理等工作，有助于更好地进行设施小番茄的生产。

价值目标

培育壮苗对于设施小番茄产量具有极其重要的意义，通过熟悉育苗前的各项准备工作，有助于更好地进行生产管理安排。

任务一　设施小番茄苗床的准备

一、选址原则

苗床采用东西向，坐北朝南，以便迎受阳光，抵御寒风。苗床应选择地势高燥、光照充足、排灌方便、地下水位低、交通便利、土质肥沃、富含腐殖质、易于通风管理及近两年未种过茄果类的地块。一般来讲，低温干燥期应选择低畦面苗床，减少水分蒸发，保持苗床湿润；高温多雨期应选择高畦面苗床，避免苗床内积水引起病害。保护地育苗一般采用低畦面苗床育苗，露天育苗则应根据育苗季节选择育苗床。

二、物资准备

同时，要准备好育苗用的物资，如冷床上需用的塑料薄膜、草帘等，高温季节遮阴棚上用的遮阳网、草帘等，电热温床上需用的控温仪等设备。

【课程资源】

设施小番茄苗床的准备

任务二　设施小番茄床土的准备及消毒

育苗床土的优劣与小番茄幼苗的生长和发育直接相关，因此，床土必须肥沃，富含有机质和充足的营养元素，具备良好的物理性状，空气通透性好，保水力强，以保证根系生长、伸展的需求。同时苗床土还应无病菌，以防传染幼苗。

一、床土配制

床土是将土、肥及药剂按一定比例混合配制的，供给小番茄幼苗正常生长发育所需的各种营养。幼苗生长发育的好坏与床土的质量有密切关系。床土应具备疏松透气、保水、保肥性能好，含有丰富的有机质、各种大量元素和微量元素，酸碱度中性，孔隙度适中，浇水不板、缺水不裂等特点。

常用的苗床土的配制材料为菜园土、经腐熟的厩肥等，并加入少量三元复合肥（0.1%）和消毒鸡粪，以增加养分培育壮苗。菜园土必须选取 1~2 年内未种植过茄果类、瓜类及马铃薯、烟草和未发生过土传病害的田块，以 15~20 cm 表层的土为好，菜园土一般占 50%~70%。草木灰、谷糠灰等不仅能增加苗床土的钾肥含量，还可使苗床土土质疏松，吸收更多的阳光，利于提高土温，其施用量占苗床土的10%~20%。播种床床土一般厚 10 cm，每平方米床面需苗床土 120 kg 左右。在苗床中应施入适量高温消毒的干鸡粪（膨化鸡粪），可全面增加氮、磷、钾肥，苗床中不宜直接撒用尿素、硫酸铵等氮素化肥。

播种床土按田土 6 份、腐熟过筛有机肥 4 份配制而成；分苗床土按田土或园土7 份、腐熟过筛有机肥 3 份配制而成。分苗床土应具有一定的黏性，保证移苗时不散土。

如果采用营养钵育苗，除了采用以上配方配制营养土外，为减轻营养钵重量、便于搬运、疏松土质，还可采用草炭和蛭石作为培养基质，具体配方是过筛园土：草炭：蛭石（体积比）为 1∶4∶1。此外，每立方米营养土再添加膨化鸡粪 600 g，复合肥 800~1 000 g，用这种配方配制的营养土，可保证小番茄整个幼苗期对养分的需要。

二、床土消毒

育苗前对床土消毒，是预防和减少病虫害、提高育苗品质及蔬菜质量的有效途径。结合我国生产实际，床土消毒最直接、最常用的方法是药剂消毒。

（一）单一药剂消毒

1. 福尔马林。用福尔马林（40%甲醛）消毒，可消灭猝倒病和菌核病病菌。每立方米床土用福尔马林 200~300 mL，兑水 20~30 L（即稀释 100~150 倍）。使用方法为将上述溶液喷洒在配制的苗床土上，均匀搅拌后堆置。土堆上面覆盖潮湿的草帘或塑料薄膜等，闷 2~3 d，可充分杀死床土所带病菌，然后揭开覆盖物。经 15~20 d，待床土中福尔马林气体散尽后，即可铺入苗床中。为了使药气尽快散尽，可将土堆弄松。在药气没有散完前会发生药害，不能放入苗床中，更不可播种。

2. 多菌灵。每平方米床面用 25% 多菌灵 20 g，加 500~1 000 g 干细土拌匀撒在床面上，地膜覆盖闷 3~4 d，可起到杀菌的作用。

3. 高锰酸钾。每立方米床土用 0.1% 高锰酸钾液 7~10 kg 喷洒后盖严薄膜，闷 3~4 d。

（二）混合药剂消毒

可用 50% 福美双和 65% 代森锌可湿性粉剂等量混合施用，可防止幼苗猝倒病和立枯病。每平方米苗床用混合药剂 8~9 g，与半干细土 3~15 kg 拌匀，播种时作为垫籽土和盖籽土。70% 五氯硝基苯的施用量，每平方米苗床内不可超过 5 g。如用量过度会产生药害，尤其是在床土过干的情况下。

【课程资源】

设施小番茄床土的准备及消毒

项目二　设施小番茄种子处理及播种

学习目标

知识目标

了解设施小番茄种子处理方法，掌握种子催芽技术。

能力目标

了解并熟练操作设施小番茄育苗种子处理方法及催芽技术，有助于促进小番茄种子发芽和提高发芽整齐度，更好地培育壮苗。

价值目标

培育壮苗对于小番茄产量具有极其重要的意义，通过熟悉育苗前的各项准备工作，有助于更好地进行生产管理安排。

任务一 设施小番茄种子处理

小番茄种子表面带有病原菌，带菌的种子会传染给幼苗和成株，从而导致病害发生。防止种子带菌，可增加秧苗的抗性，促进生长发育。播种前可对小番茄进行种子处理，经过处理后的种子，出苗快而整齐，可增强幼苗的抗性，减少病弱苗数量，为培育壮苗奠定基础。目前常用的方法有温水浸种催芽、药剂拌种、药水浸种和干热处理等。

一、晒种

播种前将小番茄种子置于太阳下晾晒 2~3 d，选择晴朗无风天气，将种子平铺于清洁棉布或竹席上，厚度 ≤ 1 cm，每日翻动 3~4 次，确保受热均匀。一是利用阳光中的紫外线杀掉种子上所带的部分病菌，减少苗期病害；二是提高种子的温度，促进种子内营养物质转化，增强种子发芽势；三是减少种子含水量，增强种子的吸水能力，缩短浸种需要的时间。

二、浸种及消毒

（一）温汤浸种

将种子装在纱布袋中，先放入 20~30 ℃ 温水中 10~20 min，然后捞出放入 50~55 ℃ 热水中，不断搅动烫种 20~30 min，随后待水温下降或放入凉水中浸种 4~5 h。此法可有效杀灭种子表面及内部病菌，去除种子萌发抑制物，增加种皮通透性，活化种子内部各种酶的活性，有利于种子萌发一致。

（二）药液浸种

1. 预防小番茄早疫病。先将种子在清水中浸泡 3~4 h，再浸入 40% 福尔马林 100~300 倍液中 15~20 min，然后捞出密闭 2~3 h，让药剂充分发挥作用后，用清水冲洗干净。

2. 预防小番茄病毒病。先将种子在清水中浸泡 3~4 h，然后放入 10% 磷酸三钠或 2% 氢氧化钠溶液中浸泡 20~30 min，捞出后用清水冲洗干净。

3. 预防溃疡病及病毒病。可将种子在 40 ℃ 温水中浸泡 3~4 h，放入 1% 高锰酸钾溶液中浸泡 20~30 min，取出冲洗干净。

（三）干热处理

将完全干燥的种子放入 70 ℃ 干燥箱（或恒温箱）中干热处理 72 h，可杀死种子所带的病菌，特别是对病毒病的预防效果较好。正确掌握处理的时间和温度，不会影响种子发芽率。

（四）低温和变温处理

低温处理是把吸水肿胀的种子置于0~2℃左右的温度下处理1~2 h，然后播种，可提高种子的抗寒性。变温处理是将要发芽的种子每天用1~5℃的温度处理12~18 h，然后转到18~22℃的温度下处理12~16 h，如此反复处理数天，可显著提高种子的抗寒性，并有利于出苗。

（五）种子包衣

将杀菌剂、杀虫剂以及生长素、营养元素等包在小番茄种子外，基本不改变种子的形状。经过包衣的种子无须消毒、浸种催芽，可直接进行干籽直播，贮藏及播种都能避免或减少病虫危害，也能增强种子的抗旱能力。

三、催芽

将浸泡透的种子放于适宜的温度、湿度及黑暗或弱光条件下，使种子迅速发芽。浸种后，捞出种子洗净并沥干水分，用纱布、湿毛巾包好，放到25~28℃下催芽。每天翻动2~3次，并用同温度的水冲洗1次，保持适宜水分，洗去种皮上的茸毛、黏液和污物，防止霉烂，加强透气并使其受温一致，以确保出芽整齐。2~3 d后，种子萌动露白，将温度降到22℃左右，使芽健壮。待多数种子出芽，芽长与种子纵径等长时即可播种。如果天气不好不能及时播种，可将出芽的种子放在1~5℃条件下保存，也可在4~10℃进行保湿蹲芽，经蹲芽后的胚芽，生长粗壮，抗逆性增强。

小番茄种子也可直接以干籽播种，一般夏季育苗时或工厂化育苗多采用干籽直播，国外种子多有包衣，亦以直播为宜。

【课程资源】

设施小番茄种子处理

任务二　设施小番茄播种

一、播种期

确定适宜的播种期对培育适龄壮苗至关重要，不同地区、不同类型温室设施采用不同栽培茬口，其播种时间均有不同。

播种期的确定原则：一是根据栽培方式确定定植期，例如采用大棚和小棚覆盖栽培一般在 1 月下旬至 2 月下旬定植；二是根据育苗方式确定苗龄，采用冷床育苗，苗龄为 100 d 左右，采用电热线育苗需 70 d 左右，若分苗床亦铺电热线，苗龄只需 50 d。

此外，苗龄的长短还与育苗设施有关，采用营养钵或营养土块分苗时，可适当早播，培育大苗定植。相反，采用裸根定植，秧苗不宜太大，否则容易引起徒长或移栽时伤根过多而延长缓苗期，最终影响产量。

根据栽培方式，确定好定植期，减去秧苗的苗龄，即可推算出播种期，具体的播种日期还需看当时的天气情况，最好选在冷空气即将结束、暖空气开始回升的时段，此时播种可避免低温冻害，利于种子萌发，采用冷床或塑料大棚播种，千万不要选在冷空气来之前播种。

二、播种量

播种过稀，出苗少，浪费人力、物力；播种太密，出苗多，过分拥挤，易引起徒长，不利于培育壮苗。采用冷床育苗，每平方米播种 12~15 g；温床育苗每平方米播种 8~9 g。

三、播种前准备

播种前整平床土，若苗床不平，往往会发生出苗不整齐现象，苗床表层育苗基质易干燥，秧苗易僵化、老化，苗床低洼处，基质中水分易过量，引起种苗腐根。若床温高，秧苗生长快，形成高脚苗；若床温低，秧苗易引起烂根。

播种前需先将穴盘或营养钵浇透水，使育苗基质含有充足的水分，以供应种子发芽出苗所需的水分，一般使床土 8~10 cm 土层含水量达饱和状态为宜。底水不足，土壤易干燥，影响种子发芽，使已发芽种子失水死苗，甚至使幼苗干死；底水浇得太多，一方面降低了苗床温度，另一方面使苗床湿度太高，种子发芽后易烂根。浇底水时不能用水管对着苗床冲，最好用喷水壶均匀浇灌。

四、播种

小番茄播种可采用干籽直播或浸种催芽播种。干籽直播撒播均匀，但出苗时间较长；浸种播种如果床温比较低，则有烂种的危险，因种子潮湿粘连不易撒播均匀，此时可用少量细沙或干细土拌匀后再撒，力求均匀。

生产上常用撒播出苗后分苗的方法。当经浸种催芽的种子有 60% 左右萌发幼芽时，宜选择晴天上午或中午进行播种。待穴盘或营养钵水渗下后，在穴孔中心用手指扎出约 0.5 cm 深的小坑，随后将已催好芽的种子逐一放入，一般每穴或每钵 1 粒种子。播种后随即覆盖 1~1.5 cm 厚的细土，覆土要均匀，厚度一致。覆土过薄，水分易蒸发，床土易干燥，而且容易造成"带帽"出土，影响出苗和子叶展开，不利于幼苗光合作用和生长；覆土过厚，幼苗出芽阻力加大，不利于出芽，甚至会导致烂种。覆土后上面盖报纸、无纺布或塑料薄膜等，以保持苗床温度和湿度。随时检查苗床，待有 60%~70% 出苗时，揭去地膜，防止出现高脚苗。用育苗盘播种时，营养土装盘不宜过满，耙平、压实，上部留 1~1.5 cm 的距离，以便播种时覆土和出苗后再覆土。严冬温度低时，可在温室搭小拱棚进行保温，待幼苗出土后，早揭晚盖，保持适宜温度。

【课程资源】

设施小番茄播种

任务三　设施小番茄播种后管理

育苗期间育苗床的温度管理是培育壮苗的关键。

一、播种至分苗阶段的管理

播种到种子发芽出土要维持较高的温度，利于快速整齐出苗。此时白天温度控制在28~30℃，夜温在15~20℃，床土温度保持在20~25℃，有利于出苗。当50%的种子出苗时，及时揭除覆盖物，适当降温，防止幼苗徒长，白天温度降至20~25℃，夜温降至12~14℃，床土温度18~20℃。第1片真叶展开到分苗前一周要适当降低温度，白天通风对幼苗进行低温锻炼，此时地温保持在15~20℃，促进根系发育。放风时，要防止幼苗风干。

种子出苗后，根系相对较少，苗床内要保持足够的水分，但是要防止水分过多造成徒长及猝倒病发生。要注意水分调节，以控水为主，促控结合，做到苗床保持见干见湿状态。保证晴天空气湿度为50%~60%，土壤湿度为75%~80%；阴天空气湿度为50%~55%，土壤湿度为60%~65%。一般播种和分苗时打透底水。出苗后覆土，填盖种子出土时产生的缝隙，以利保墒。分苗前1 d浇水，以减少起苗伤根。

二、分苗至定植前的管理

为了扩大幼苗之间的距离，使其有足够的空间继续发展茎叶和根系，满足幼苗进一步生长发育对营养和光照的要求，必须把幼苗从原育苗床中移至新的苗床，加大苗距继续培育，这一措施叫分苗（又称移苗）。分苗是获得早熟、丰产、高效的重要措施之一。

（一）分苗

分苗是将幼苗从原育苗床移至新苗床，扩大苗距继续培育的重要措施，可满足幼苗对营养、光照的需求，促进花芽分化，增强幼苗抗逆性。

分苗前5~7 d，需对幼苗进行低温、干旱锻炼，白天温度控制在15~20℃，夜间10~12℃，同时加强通风。

小番茄分苗一般在花芽分化前进行，最佳时期为2叶1心时。分苗过早或过晚均会影响幼苗生长和花芽分化。分苗过早，幼苗组织幼嫩，根系弱，不易缓苗，成活率低；分苗过晚，幼苗在播种床拥挤拔高，根系弱，叶面积大，蒸腾量大，伤根多，不易成活，而且影响花芽分化，造成将来落花落果或畸形果。

分苗方式通常有 3 种：一是裸根移苗，直接在营养土里划沟移植，采用灌暗水分苗；二是护根移苗，利用营养钵、纸袋等分苗，钵里装上营养土，将苗移入，浇透水；三是营养土块分苗，即利用 10 cm 厚的营养土，切成 10 cm 见方的土块。

（二）分苗后的管理

分苗之后到定植之前的苗期管理是整个育苗中的关键时期，这一时期既要促进缓苗、新叶生长、恢复根系，又要防止徒长，同时为幼苗的花芽分化创造条件。另外，在定植之前还要进行炼苗，以适应定植之后的环境条件。在实际操作中，主要应加强以下 4 方面的管理。

1. 温度管理。分苗后至缓苗期间，需要较高的温度，一般不通风，保持白天在 25~28℃、夜间在 17~18℃，使幼苗尽快长出新根，加快缓苗。如果白天温度超过 35℃，可小通风，避免秧苗发生灼伤或徒长，温度下降后停止通风。大约 7 d 后大叶转绿，心叶见长，新根发出，有吐水现象。缓苗后幼苗进入旺盛生长期，要多通风降温，保持白天在 20~25℃，夜间在 15~20℃。从背风处通风，以免冷风直接吹入苗床，尤其在外界温度较低时。通风口从小到大逐渐增加，不能在短时期内全部揭开或盖上覆盖物。分苗后到定植前一周要加大通风，以增强幼苗的抗寒能力。

2. 光照管理。随着幼苗的生长，对光照的要求越来越多，通过早揭晚盖延长光照时间，阴雨天气更应让幼苗多见光。无论棚室覆盖膜还是所套小棚膜都要提倡采用新膜，如果条件允许，最好用聚氯乙烯无滴耐老化膜或聚乙烯三层共挤复合多功能膜。

3. 湿度管理。床土宜保持干干湿湿的状态。分苗后若土表干燥，午间幼苗发生萎蔫，傍晚又能恢复，表明床土湿度小，需要浇水。浇水后，覆土保墒，防止土壤皲裂。阴雨天不要浇水，若苗床湿度过大，可采用撒干土的方式降低苗床湿度，防止秧苗徒长和病害发生。在幼苗锻炼阶段尽量不浇水，只是在定植前 1 d 浇透水，以便起苗。

4. 追肥。若幼苗弱小、叶片发黄，出现缺肥现象，追肥以速效肥为主，除氮肥之外，可配合使用磷、钾肥，如 0.2% 的尿素或 0.2% 的磷酸二氢钾、0.3% 的过磷酸钙，对培育壮苗有一定帮助。用液体粪肥作追肥时，浓度应掌握在 5%~10%，即 1 份液体粪肥加水稀释 10~20 倍。

【课程资源】

设施小番茄播种后管理

实训技能

技能一 设施小番茄播种前种子检验

一、目的要求

优质种子是蔬菜作物高产稳产的基础，种子的发芽率、生活力是衡量其在播种前质量及实用价值的重要指标。通过实验实训，掌握播种前小番茄种子检验的方法。

二、技术环节

（一）试材及用具

小番茄种子（有生活力种子、无生活力种子）、培养皿等。

（二）检验内容及方法

1. 发芽率、发芽势

从经过净度检验（去除杂质、破损及不良种子等）后的优质种子中随机取 4 份试样，小粒的小番茄种子每份取样 100 粒、大粒种子取样 50 粒。先用清水将种子浸泡一定时间，使其充分吸水，再将培养皿铺 2~3 层滤纸并润湿，然后均匀摆放种子。培养皿上注明小番茄品种名称、重复次数、处理日期等，盖皿盖后将其放在恒温箱内发芽（25~30℃）。

发芽期间每天定期检查并及时补充水分，到规定日期时统计发芽种子数，计算发芽势、发芽率。

2. 种子生活力

采用红墨水染色法测定小番茄种子的生活力。

将红墨水稀释 20 倍或 40 倍。取种子样品 2~4 份，每份 100~200 粒。将种子用温水浸泡数小时，沿种胚中线纵切为两半，置于培养皿中染色 1~3 h，再用清水冲洗后统计有生活力的种子数。生活力强的种子胚部不染色，生活力弱的种子胚部染成淡红色，无生活力的种子胚部染成红色。此法特别适合休眠种子生活力的测定。

三、考核标准

1. 正确测定小番茄种子的发芽率。

2. 采用红墨水染色法测定小番茄种子生活力。

技能二　设施小番茄分苗技术

一、目的要求

分苗是蔬菜培育壮苗的重要环节，通过实验实训操作，掌握小番茄分苗方法及规范操作。

二、技术环节

（一）试材与用具

适合分苗的小番茄幼苗、分苗床、水桶、小铲等。

（二）技能操作

1. 分苗前准备

分苗前低温锻炼 3~5 d，对播种床内的幼苗逐渐降温进行炼苗。分苗前 1 d 傍晚播种苗床上浇起苗水，水量不宜太大。

2. 起苗操作

用小铲起苗，放入苗盘中，运至分苗床待用。

3. 暗水分苗操作

暗水分苗是指先在分苗沟内浇水，待水渗下一半时摆苗，然后覆土封沟的分苗方式，这种方式能有效减少水分蒸发，保持苗床湿度和温度。

主要步骤：第一，平整分苗床床面；第二，用小铲从分苗床的一端按苗距开浅沟，沟深一般与原播种床中幼苗根系所处深度一致或稍深为宜，沟要平直，深浅一致；第三，沿分苗沟用水勺浇水，以不溢出沟外且浇足为宜；第四，待分苗水渗下一半时，依苗距贴苗，注意秧苗直立，深度适宜；大小苗分级，分别分苗；第五，一沟摆苗完毕，分苗水完全下渗，覆土封沟。整平床面，按苗距开下一沟。

4. 明水分苗操作

明水分苗按苗距开沟、放苗、覆土，整个分苗床栽完后一起浇水。一般用于夏秋季或露地育苗。

三、考核标准

1. 做好准备工作。

2. 正确起苗。

3. 开分苗沟、浇分苗水、摆苗、覆土。

练习思考题

一、选择题

1. 小番茄晒种，一般在播种前将小番茄种子置于太阳下晾晒（　　）d。

　　A.1~2　　　　　B.2~3　　　　　C.3~4　　　　　D.4~5

2. 当经浸种催芽的种子有（　　）左右萌发幼芽时，宜选择晴天上午或中午进行播种。

　　A.60%　　　　　B.70%　　　　　C.80%　　　　　D.90%

3. 种子（　　）出苗，揭除覆盖物，适当降温，防止幼苗徒长。

　　A.40%　　　　　B.50%　　　　　C.60%　　　　　D.70%

4. 小番茄花芽分化一般在 2.5 片真叶时进行，分苗最佳时期是（　　）时。

　　A.4 叶 2 心　　　B.3 叶 2 心　　　C.2 叶 2 心　　　D.2 叶 1 心

二、填空题

1. 用福尔马林（40% 甲醛）消毒，可消灭_____和_____。

2. 采用冷床育苗，每平方米播种_____g；温床育苗每平方米播种_____g。

3. 播种前需先将穴盘或营养钵浇透水，以供应种子发芽出苗所需的水分，一般使床土_____cm 的土层含水量达饱和状态为宜。

4. 把吸水肿胀的种子置于 0℃左右的温度下处理 1~2 d 后播种，可提高种了的_____。

5. 预防小番茄早疫病，先将种子在清水中浸泡 3~4 h，再浸入 40% 福尔马林 100~300 倍液中 15~20 min，然后捞出，密闭_____h，让药剂充分发挥作用后，用清水冲洗干净。

三、判断题

1. 床土是将土、肥及药剂按一定比例混合配制的，供给小番茄幼苗正常生长发育所需的各种营养。（　　）

2. 如果天气不好不能及时播种，可将出芽的种子放在 1~5℃条件下保存，也可在 20~25℃进行保湿蹲芽，经蹲芽后的胚芽，生长粗壮，抗逆性增强。（　　）

3. 分苗前 5~7 d 对幼苗进行灌水施肥，促进种苗快速生长。（　　）

4. 小番茄分苗一般在花芽分化前进行比较适宜，以免影响花芽分化。（　　）

5. 若幼苗弱小、叶片发黄，出现缺肥现象，追肥以速效肥为主，除氮肥之外，可配合使用磷、钾肥。（　　）

四、思考题

1. 简述设施育苗床土的基本要求。

2. 简述小番茄种子处理的必要性和处理方法。

模块五　设施小番茄定植

项目　设施小番茄定植准备及技术

学习目标

知识目标

学习了解设施小番茄定植前的轮作倒茬、施基肥、整地等定植准备工作，了解定植技术。

能力目标

了解设施小番茄定植前的准备工作，有助于更好地了解种植需求，掌握定植技术。

价值目标

充分掌握各生产环节的技术，通过科学设计、精细作业，为人民群众提供高质量的农业产品。

任务一　设施小番茄定植准备

一、轮作倒茬，深耕冻垡晒垡

连年种植小番茄 3~5 年后常常出现植株生长发育不良，幼苗枯萎、烂根，生长点及新生枝（蔓）发育不正常，不能生长，易落花落果，结果少或不结果，多种病害并发的情况，严重制约小番茄生产。种植小番茄应避免连作，最好的前茬是花生、大豆、小麦等大田作物，或葱、蒜类等"辣茬"蔬菜，其次是豆类和瓜类蔬菜，再次是十字花科蔬菜和其他耐寒性蔬菜，尽量避免与茄子、辣椒等茄科类作物接茬。

小番茄根系的发达程度，取决于土壤耕作层深度、土壤通气排水情况、肥料数量种类及施肥位置等。提早深耕能促使土壤分化，保持土壤疏松，也可消灭病虫害，给根系创造良好的生长发育条件。深耕以 35 cm 左右为宜。深耕后经冬季晒垡，可使土块松散，有利于蓄水保肥，提高土壤肥力，也可以消灭病菌孢子和卵块、虫蛹。深翻后，晾晒数日再整平耙细，以利保墒。

二、施足基肥

小番茄生长量大、产量高，需肥量较大，应在定植前施足基肥，增施磷、钾肥，保证氮、磷、钾元素含量比较均衡，这对小番茄幼苗生长、叶面积扩大、根系发育等都有重要作用。基肥以腐熟好的有机肥料为主，而且要施足，可使小番茄坐果率高、果实长得大、空洞果极少、果肉厚、果色鲜艳有光泽，从而实现优质、高产。有机肥料的种类对小番茄的产量和品质影响较大，有机肥的优劣顺序为芝麻饼、豆饼、棉仁饼、菜籽饼、鸡粪、鸭（鹅）粪及猪粪等。普通农家有机肥都需经过充分发酵腐熟后才可施入，切忌施生粪，以防烧根和感染病虫害。基肥应为化学肥料与有机肥混合组成，基肥用量多少要根据土地情况、肥料种类和品种等综合考虑。肥地少施，瘠地多施；优质肥少施，劣质肥多施；早熟品种浅施，中晚熟品种深施。一般每亩施基肥量为有机肥 6 000~7 000 kg、尿素 30 kg、硫酸钾 40 kg（或草木灰 200 kg）、磷酸二铵 30 kg。

三、整地起垄

小番茄定植畦有平畦、小高畦、深沟高畦和垄栽 4 种栽培方式。南方因为雨水较多、水源充足，多采用高畦栽培，如果采用地膜覆盖栽培应该做成小高畦。北方地区春季易旱，栽植时多用平畦。畦宽窄可根据保留的果穗数而定，矮架栽培留 3 穗果时，畦宽 0.8~1.0 m；大架栽培留果 5 穗以上时，畦宽 1.2~1.5 m。畦高需根据当地地下水位高低确定，地下水位高，则畦高 20~25 cm；地下水位低，则畦高 10~15 cm。畦向应南北走向，按畦走向在中央开沟，所有基肥施于沟中后覆土。作畦后不要马上定植，施肥后最少要经过 10~15 d，以促进肥料在土壤中逐渐分解，待土壤物理性状稳定后再移栽幼苗，有利于小番茄吸收养分和水分，保障植株正常生长发育。

【课程资源】

设施小番茄定植准备工作

任务二　设施小番茄定植技术

一、适龄壮苗标准

小番茄适龄壮苗，指在生产中能实现早熟、高产、优质、高效，且对不良环境适应性强的秧苗。壮苗定植后返苗快，返苗后生长快。壮苗标准是无病虫危害，根系发育良好，侧根数量多而白，茎秆粗壮，节间短，株高18~25 cm，茎粗0.5 cm以上，且上下粗度一致，叶片肥厚、健全，叶色深绿。

二、定植

在不同生长季节依据不同的栽培类型适时定植。春季小番茄定植应在晚霜过后，大约在2月上中旬，当苗龄达到40~45 d、具有4~5片真叶时定植。秋冬小番茄在正常生长情况下，苗龄达到22~26 d、5~6片真叶时定植。确定合适定植时间后，需根据不同育苗方式进行定植操作。

用纸钵育苗的可以带钵定植，用营养钵育苗的应将苗扣出后定植，用营养土块育苗的可以直接定植，不管用哪种方式都应注意勿将护根营养土碰散，且与周围土壤无空隙，深度以茎基部埋入土中1~2 cm为宜，可促使茎秆长出不定根。如果定植期延误，苗老茎长，可将秧苗斜卧种植，幼苗顶端露出畦面16~20 cm，下部茎用土覆盖，保持泥土湿润，诱发不定根发生，复壮幼苗。若盖地膜，则将开口处用土封好。

小番茄栽培过程中定植密度一定要合理，因为定植密度对早期产量和总产量都有很大影响。定植密度过小，不能有效利用地力，单株产量虽然有所增高，但总产量不高，经济效益下降。当密度超过限度时，由于株数增加，植株光照削弱，光合作用强度降低，损失便超过了增加株数的收益，最终反而降低产量。定植距离视品种特性、整枝方式、气候及土肥、人力条件而灵活掌握，一般每畦种2行。无限生长型实行单干整枝的品种，栽植株距26 cm，每亩约栽3 400株；自封顶生长型实行双干整枝的品种，栽植株距35 cm，每亩约栽2 800株。

定植宜在无风的晴天进行，切忌下雨天定植。定植后秧苗需要一段时间适应棚室环境和土壤环境。若是定植选择在阴天，棚内湿度大，秧苗会吸收空气中的水分维持生长，而一旦晴天后，植株蒸腾加剧，会出现萎蔫现象，不利于缓苗。影响露地小番茄定植成活率的因素还有风害，定植时要掌握刮风规律，避开刮风的高峰期，赶在无风天气定植。栽苗时要进行选苗，剔除瘦弱、无生长点或徒长苗等。

定植前先在畦面按一定株距开定植穴，提前将育苗地浇湿，以免起苗时伤根，根部带泥多，栽后幼苗易活，生长快。随种随浇定根水并浇透，对活棵及提高成活率均有一定作用。定植前最好普遍施一次杀菌剂，做到带药定植。

【课程资源】

设施小番茄定植技术

实训技能

技能　设施小番茄定植技术

一、目的要求

定植是小番茄育苗移栽过程中的重要环节，通过实验实训，掌握小番茄定植方法及技术。

二、技术环节

（一）试材与用具

适合定植的小番茄秧苗、已做好的畦、水桶、水勺、小铲等。

（二）技能操作

1. 定植时期

春季定植时期是当地晚霜后或 10 cm 地温达到 12~15℃，秋季定植期以早霜之前收获完毕为准，根据小番茄生育期向前推算。

2. 定植密度

一般小番茄定植行距 50~60 cm，株距 25~40 cm。

3. 定植深度

一般以不埋住子叶和生长点为宜，徒长苗适当深栽。

4. 定植方法

（1）明水定植。在做好的畦内，按株行距开穴或开沟栽苗，覆土封穴（沟）后逐畦浇足水。其优点是定植速度快，省工，根际水量充足。缺点是易降低地温，表土易板结。一般用于夏秋高温季节蔬菜定植，且选择阴天、无风的下午或傍晚定植为宜。

（2）暗水定植。在做好的畦内，先按株距、行距开穴，逐穴浇足水，待水渗下一半时，摆苗坨，水完全下渗后覆土封穴。此法因地温不易下降，常用于低温季节蔬菜定植。选择晴朗、无风的中午定植为宜。

无论哪种定植方法，起苗、运苗、栽苗过程中要轻拿轻放，不伤根，不散坨。

三、考核标准

1. 能正确进行定植操作。

2. 定植 7 d 内，幼苗成活率在 95% 以上。

练习思考题

一、选择题

1.基肥以腐熟好的（　　）为主，而且要施足，可使小番茄坐果率高、果实长得大、空洞果极少、果肉厚、果色鲜艳有光泽，从而实现优质、高产。

A.有机肥料　　　　　B.化学肥料　　　　　C.生物菌肥　　　　　D.微量元素

2.作畦后不要马上定植，施肥后最少要经过（　　）d，以促进肥料在土壤中逐渐分解，待土壤物理性状稳定后再移栽幼苗，有利于小番茄吸收养分和水分，保障植株正常生长发育。

A.3~5　　　　　　B.5~10　　　　　　C.10~15　　　　　　D.15~20

3. 如果定植期延误，苗老茎长，可将秧苗斜卧种植，幼苗顶端露出畦面（　　）cm，诱发不定根发生，复壮幼苗。

A.5~10　　　　　　B.11~15　　　　　　C.16~20　　　　　　D.21~26

二、填空题

1.小番茄定植畦有_____、_____、_____和_____4种栽培方式。

2.壮苗标准为无病虫危害，根系发育良好，侧根数量多而白，茎秆粗壮，节间短，株高_____cm，茎粗_____cm以上，且上下粗度一致，叶片肥厚、健全，叶色深绿。

3.春季小番茄定植应在晚霜过后，大约2月上中旬，当苗龄达到_____d，具有____片真叶时定植。

4.无限生长型实行单干整枝的品种，栽植株距_____cm，每亩约栽_____株。

5.自封顶生长型实行双干整枝的品种，栽植株距35 cm，每亩约栽_____株。

三、判断题

1.小番茄根系的发达程度，取决于土壤耕作层深度、土壤通气排水情况、肥料数量种类及施肥位置等。（　　）

2.小番茄生长量大，产量高，因此需肥量较大，应在定植前施足基肥，增施磷、钾肥，保证氮、磷、钾元素含量比较均衡。（　　）

3.定植前先在畦面按一定株距开定植穴，提前将育苗地浇湿，以免起苗时伤根，根部带泥多，栽后幼苗易活，生长快。（　　）

4.在做好的畦内，先按株距、行距开穴，逐穴浇足水，待水渗下一半时，摆苗坨，水完全下渗后覆土封穴。（　　）

5.定植后秧苗需要一段时间适应棚室环境和土壤环境，若是定植选择在阴天，棚内湿度大，秧苗会吸收空气中的水分维持生长，而一旦晴天后，植株蒸腾加剧，会出现萎蔫现象，不利于缓苗。（　　）

四、思考题

1.简述小番茄种植轮作倒茬的必要性。

模块六 设施小番茄田间管理技术

项目　设施小番茄田间管理技术

学习目标

知识目标

学习并掌握设施小番茄水肥、搭架、绑蔓、整枝、打杈和摘心管理技术。

能力目标

学习设施小番茄水肥管理、整枝绑蔓等必备生产技术，掌握设施小番茄的设施作业流程和技术要点。

价值目标

水肥管理技术是小番茄丰产的重要保证，熟悉小番茄水肥需求，掌握植株调整技术，有助于达到小番茄高产、优质、高效的栽培目的，实现科学种植。

任务一　设施小番茄水肥管理

一、施肥

小番茄是陆续生长结果的蔬菜，生长期长，产量高，需肥量大，除施足基肥外，还必须根据植株生长的不同阶段合理追施速效肥料，以满足生长、结果的需要。小番茄追肥应遵循"由少到多，由稀到浓，前期以氮为主，后期以磷为主"的原则。追肥可以液体方式浇施，若是土壤潮湿，也可在植株旁开穴干施，还可以进行根外追肥，即茎叶喷施。一般小番茄生长期间追肥5~6次。

（一）轻施发棵肥

结束蹲苗后开始浇水，并第一次追发棵肥。这个时期幼苗刚缓苗，需氮素营养供根、茎、叶生长。此期营养缺乏会影响营养生长与花芽分化，导致减产。幼苗定植后以氮素营养为主，最好在第一穗果乒乓球大小时追施。一般定植10~15 d后，结合浇水亩追施尿素10 kg、硫酸铵20 kg。

（二）重施催果肥

在第二穗果开始膨大时，根系吸收养分能力旺盛，此时养分供应十分重要，也是小番茄种植中重点追肥期。以氮肥为主，并配施磷、钾肥。一般每亩施磷酸二铵10~15 kg或硝酸铵15~20 kg，也可追施沤制好的饼肥汁液，随水每亩冲施500~800 kg，并配施硫酸钾10 kg左右。

（三）巧施盛果肥

第一穗果采收后、第二穗果膨大时，因小番茄进入果实旺长期需肥水多，肥料不足易导致落花落果。应特别注意配施磷、钾肥和微量元素肥料，一般亩施三元复合肥或磷酸二铵40~50 kg。

（四）适当加施接力肥

在小番茄整个生长期，可根据土壤、肥力、气候条件、植株生长情况，进行多次根外追肥，多以速效性磷、钾、钙、硼、锌等肥料为主。晚熟小番茄品种结果期长，产量高，需肥量大，应适时适量追肥，防早衰，一般每次每亩追施硝酸钾15~20 kg。为了提高品质，延长结果期，防止早衰，结果后期也可进行叶面追肥。根外追肥肥效快，成本低，应择晴天傍晚或雨后晴天喷施0.5%~1.0%磷酸二氢钾或0.5%尿素，喷后2~3 d叶色转浓绿。若发生脐腐果，可及时喷施0.5%氯化钙，连喷数次，防治效果显著。

不同生长类型的小番茄追肥应有不同。有限生长型的小番茄生长期较短，开花、结果、收获期集中，开花结果时对植株营养生长的抑制作用大，因此大部分肥料集中在前期特别是开花结果期以后施用，不易发生徒长；无限生长型的小番茄，前期要适当控制肥料施用，特别是氮肥不能过多过重，以免引起植株徒长。

二、浇水

小番茄枝繁叶茂，结果量大，属于需水量较多的蔬菜品种。小番茄的不同生育期需水量不同，灌水量也有差别。因此，在整个生长时期都要注意田间水分管理，以促进小番茄正常生长发育，提高坐果率和商品率。

一般而言，定植时要浇定植水，浇则浇透，隔3~7 d幼苗心叶由暗绿转嫩绿时，再浇1次缓苗水。缓苗水后，为促进小番茄根系下扎、促进发根，达到壮秧的目的，要进行蹲苗，控制一段时间浇水，否则会导致植株体内水分过多，易徒长。随着植株的不断生长发育，根系吸水量也随之增加，待第1果穗最大果实开始膨大时开始浇水（伴随追肥），以后每隔10 d左右浇1次水。小番茄的需水量到结果盛期达到高峰，盛果期7 d左右浇1次水，使土壤经常保持湿润，不能时干时湿，否则易伤根，并诱发青枯病。已发现青枯病的田块，为防止病菌随水流传播，应禁止沟灌。

【课程资源】

设施小番茄水肥管理

任务二　设施小番茄搭架与绑蔓

小番茄除直立品种外，大多数品种茎呈蔓性、半蔓性，木质化程度不高，当株高40 cm时，茎因承受不了枝叶的重量而倒伏，需要搭架、绑蔓，使群体由平面结构变为立体结构，改善田间通风透光条件，减轻病虫危害，方便田间操作。搭架、绑蔓通常结合整枝进行，以改善植株的生长环境。

一、搭架

小番茄搭架一般在秧苗长到30 cm左右时进行，不要太迟，太迟由于茎蔓长、侧蔓多，操作不便，且容易折蔓、伤叶、碰掉花果。搭架的材料可就地取材用竹竿、树枝及其他一些小灌木等。搭架要求架材坚实，插立牢固，架形合理，可根据植株的高矮、生长期长短、整枝方式而定。

（一）人字架

人字架（图6-1）是比较常用的一种搭架方式，搭架的材料长1 m左右，在每株小番茄外侧各插1根（架材插在距植株8~10 cm的地方），再将邻近2行4根架材架头绑在一起，或者架头交错，上面绑一根横杆。这种方式支架稳固，但通风透光较差，可防止果实日烧病及土壤水分蒸发，适用于气候干旱或高温强光季节及地区，适于单干整枝留2~3穗果的栽培方法。

图6-1　人字架

（二）篱笆架

用竹竿交叉斜插在植株行内侧或外侧，两竹竿相距约40 cm，上面再适当架横竹竿，构成网状结构篱笆架（如图6-2），将植株及果穗固定在篱笆架上。这种支架通风透光好，适于多雨、湿度大、日照少的季节或地区，但挡风面大，遇大风容易造成全畦植株倒伏。

图6-2　篱笆架

图6-3　单杆架

（三）单杆架

架材高70 cm左右，在每株小番茄旁直插1根，如图6-3。这种插架方法适于植株矮小、高密度种植的自封顶类型品种。完成搭架工作后，随着番茄植株的生长，就需要及时进行绑蔓处理，以进一步优化植株生长环境。

二、绑蔓

随着番茄植株生长，需及时进行绑蔓。在每穗果下部用绳子将植株与架杆固定，使植株与架杆保持适当距离，防止果实膨大受挤压而形成畸形果，以更好利用光能。随着植株生长，绑蔓也应分多次进行，植株每增高20~30 cm，绑蔓1次，整个生育期需绑蔓4~5次。绑蔓的材料有麻皮、碎布条、包扎带等，绑蔓的松紧要适宜，过松容易下滑，过紧易勒伤茎秆。绑蔓要根据栽培方式确定，因架材插在植株外侧，绑蔓时先将植株引到架杆内侧绑一道蔓，再把植株蔓引到外侧绑一道，便于植株通风透光和茎叶的舒展。绑蔓时扎绳应扎在每一穗果实的下方，防止坐果以后重量增加将果实夹在扎绳处。另外，在蔓和扎绳之间绑成"8"字形，避免蔓和架材之间摩擦或下滑。无论分枝习性如何，小番茄每株的花序基本分布于植株的一边，应安排果穗远离架杆，以防果实膨大后夹在茎秆与架杆之间形成畸形果。

【课程资源】

设施小番茄搭架与绑蔓

任务三　设施小番茄整枝技术

小番茄侧枝发生能力强，整枝就是去掉叶腋中长出的多余侧枝，减少养分消耗，控制茎、叶营养生长，促进花、果实发育。合理整枝可以达到减少病害发生、早熟、高产、改善品质等目的。常用小番茄整枝方法有以下 4 种。

一、单干整枝

是温室栽培最常采用的小番茄整枝法，主要是保留主枝，将叶腋处萌发的侧枝在 3~5 cm 时及时摘除。此法的优点是技术简单，能够保持小番茄整齐，适于短期密植栽培或长期栽培。但由于生长的阶段性，长季节栽培常易发生周期性坐果等现象。与此类似的还有一干半整枝和改良单干整枝。一干半整枝是指在第 1 穗果下面留 1 条侧枝，在侧枝上留 1 穗果，果前留 2 片叶，然后摘心，主枝沿用单干整枝的方法。改良单干整枝是在第 1 穗果下面留 1 侧枝，摘心后作为营养枝保留下来，其余仍同单干整枝的整枝方式。

二、双干整枝

在小番茄第 1 穗花开花后，保留粗壮花下枝，使其发育成枝干，与原有主枝共同上引成为 2 个果枝，其后管理与单干整枝相同，即将所有侧枝一律去除。此法的优点是节省种苗，适于稀植，但要求苗相对整齐健壮，同时土壤肥力要求高。

三、换头整枝

前期采用单干整枝方式，但在小番茄第 3 或第 4 穗花开花后，主茎掐尖使其停止生长，保留第 3 或第 4 穗花下方第 1 叶腋处的健壮侧枝，使其进一步生长成为主枝，依此类推。优点是可以防止连续单干整枝的周期性坐果，但其技术难度较大，换头后应注意防止断头或果实坠秧。

四、连续换头整枝

主要方法是当小番茄第 1 或第 2 穗花开花后，保留其花下主侧枝，对主枝留 2 穗花后将生长点进行掐尖，将主侧枝当作主枝导引，在其上第 3 穗花开花后，保留 3 穗花下枝，主枝留 2 穗果后生长点掐尖，其余侧枝一律除掉，花下枝作为主枝管理，依此类推。当主枝 2 穗果坐住后，对其基部进行扭枝处理以防果实坠断果枝。此法可有效降低小番茄植株高度，适于稀植和长季节栽培，但田间管理技术要求高，应用较少。

【课程资源】

设施小番茄整枝技术

任务四　设施小番茄打杈摘心

小番茄是连续开花连续坐果的植物，受内外环境的制约，为保证小番茄高产，不可能任其自然生长，因此必须对其进行人工调整。

一、打杈

打杈是对侧枝的处理，有利于植株通风透光，避免养分无谓消耗。根据栽培的需要，小番茄结果枝条上的侧枝要及时去掉。整枝打杈时应注意以下4点。

（一）打杈的时机

小番茄地上部和根系有着相互促进的关系，过早打杈会影响根系生长，降低植株生长势，从而会造成植株早衰。但也不宜过晚进行，否则会造成养分损耗和植株疯长而造成群体郁闭，对果实迅速膨大不利。一般当侧枝长到5~10 cm、出现2叶1心时最适宜。打杈时一般应留1~3片叶，不宜从基部掰掉，以防损伤主干。留叶打杈可增加营养面积，促进植株生长发育，特别是促进杈附近的果实生长发育。

（二）打杈的方法

有"推杈"和"抹杈"2种，尽量减少手与茎蔓的接触，勿用指甲掐断枝杈。要求不留桩，不带掉主枝上过多的皮，尽可能减少伤口面，一般不用剪刀等工具（剪刀容易传染病毒）。

（三）打杈时间

打杈应在晴天进行，最好在上午10时至下午3时，这时温度高，伤口易愈合。下雨天及露水未干时打杈易引起腐烂，发生病害。

（四）病株打杈

在打杈时，对有病毒症状的植株应单独进行，避免人为传播疾病。

二、摘心

摘心是结合番茄生长需要，当果穗上坐稳5~6穗果时，在植株顶端留下2片真叶进行打顶的操作。摘心能促使叶片制造的养分聚集至果实上，促进果实生长。

单干整枝的在最上一层花穗上保留2片叶片，将上面的嫩梢打掉。这2片叶片叫保护叶，又叫营养叶，能使顶部果穗免受暴晒，防止日烧病，还能保证果实有充足营养供应，长足长大，正常成熟。对于侧芽，一般不从根部打掉，而是留1~2片叶摘心。这样做既控制了侧枝生长，又能使侧枝制造一些养分，加速主枝生长。一干半整枝的摘顶留主干方法同单干整枝,此外,在第1穗果下方的1条侧枝(强侧枝)留1穗果后再留2片叶摘心,将其他侧枝全部去掉。单干换头整枝的主干摘心是在第3花穗出现后进行,留2片真叶摘心,待第1穗果坐住后,在第2穗果下留1个侧枝替代主枝生长,其余侧枝全部去掉,以后这个新生枝出现第3花穗后,再留2片叶摘心。如此循环。

摘心时期不宜过早过晚,一般在收获前40 d即第1朵花长足时进行。过早,则花穗小,不易操作;过晚,花穗过大,甚至开花,则摘心部分过多,植株损伤过大。

三、疏花、疏果

由于小番茄花和花穗发育的时序性,同一植株的花和果实发育时间很不整齐,生产上除了整枝外,还要进行必要的疏花、疏果。疏花、疏果就是对发育明显滞后的幼花、幼果和畸形花果进行摘除,以保证其余果实发育的营养供给和果实整齐度。

四、防止落花落果

(一)落花落果的原因

1. 低温

低温是影响落花的主要原因。小番茄花芽分化和花器形成都是在苗期进行的,苗期温度过低,或者较长时间处于5~7℃的低温状态,就会影响花芽分化和花器形成,造成落花。

2. 光照不足

小番茄喜光,对光照条件反应敏感,当光照不足特别是遇到连续阴天时,光合作用减弱,碳水化合物合成或供应不足,从而造成雌蕊萎缩或影响花粉生活力、花粉萌发和花粉管伸长而引起落花落果。

3. 高温

小番茄花粉发育适温为20~30℃,当棚温白天达35℃、夜温高于20℃,或白天40℃高温持续达4 h,尤其在开花前5~9 d,花粉母细胞减数分裂期最容易受害,以致花器发生障碍而造成落花。

4. 湿度过高或过低

温室内空气相对湿度较大,花粉粒吸水膨胀,难以从花药中散发出来,从而影响授粉而造成落花。小番茄喜欢湿润的土壤条件,若土壤干旱缺水,植株得不到充足的水分,花粉粒干瘪,花粉管细弱,雌蕊柱头变褐,表层细胞死亡,导致落花。同时,干旱也影响植株对养分的吸收,从而使光合作用受抑,激素分泌物减少,形成离层而落花落果。

5. 养分分配不当

引起营养生长与生殖生长之间失衡造成落花，特别是留多果穗的，因前几穗已坐果，需要大量养分供应使果实膨大，如后期追肥跟不上，则影响养分向上端花穗运输，会造成后期落花。

6. 激素使用不当

激素类药剂浓度过小，致使坐不住果；浓度过大，植株不同程度受到药害，造成落花落果。

（二）防止落花落果的措施

1. 综合技术措施

育苗时加强苗期管理，培育健壮秧苗，增强幼苗对不良环境的适应性。适时适龄定植，在分苗和定植时要尽量带土坨，减少根系损失。定植后要加强肥水管理，保持土壤湿润。做好防寒保温措施，避免低温影响。温度及湿度过高时及时通风降温降湿。及时整枝打杈，合理调节植株营养生长和生殖生长的关系，防止徒长。植株生长后期要加强追肥、灌水，防止脱肥早衰。

2. 使用植物生长激素

植物生长激素能刺激植物器官的新陈代谢，使处理部位的生理机能旺盛，抑制离层形成，使营养物质流向正常发育的子房，加速子房发育。即使在正常条件下用植物生长激素处理花朵，也能加速坐果，提高坐果率。

目前广泛使用的植物生长激素有防落素（又称小番茄灵）和2，4-D，这2种激素可以被吸收、渗透到花器中，弥补温度不适等原因造成的少产生或不产生植物激素的欠缺，能和花器本身形成的激素一样促进果实发育，起到防止落花落果的作用。赤霉素虽然也有刺激生长的作用，但作用较小，只能使未受精果实形成较小的豆果，所以不宜采用。

将激素兑水配制成适宜浓度的稀释液后，当小番茄每花序上有3~5朵花开放时，就可以用稀释液进行处理。

（1）涂抹法。应用2，4-D时采用此方法，使用浓度为10~20 mg/kg。先根据2，4-D类型将药液配制好，并加入少量的红色或蓝色染料做标记，然后用毛笔蘸取少许药液，涂抹在花柄的离层或柱头上。使用时应防止药液喷到植株幼叶和生长点上，以防产生药害。

（2）蘸花法。应用防落素或 2，4-D 时均可采用此法。温度低时使用浓度取高限，温度高时使用浓度取低限，生产上应严格按照说明书配制。将配好的药液倒入小碗中，将开有 3~4 朵花的整个花穗在激素溶液中浸蘸一下，然后用小碗边缘轻轻触动花序，让花序上过多的激素流淌入碗里。

（3）喷雾法。应用防落素可采用此法。当小番茄每穗花有 3~4 朵开放时，用装有药液的小喷雾器或喷枪对准花穗喷洒，使雾滴布满花朵又不下滴。此法使用浓度与蘸花法相同。

使用植物生长激素时要注意浓度不能过高，否则会引起果实畸形或裂果。在适宜浓度范围内，气温较低时浓度可高些，气温较高时浓度可低些。采用喷雾法时要喷在花序上，不能喷到叶片上，否则会引起茎叶扭曲皱缩。不宜重复处理，要先开先蘸，后开后蘸，每朵花只能蘸 1 次，以避免药量过大引起果实畸形。蘸过植物生长激素的果实中没有种子，因此不能留种。

小番茄花序上的花是陆续开放的，药剂处理时应选择当天要开放的花朵，即花瓣呈喇叭状时施药最适。过早处理，花蕾尚小，药液会抑制果实发育，往往造成僵花；过晚处理，花已开放过，花柄的离层可能已经形成，药效会降低，甚至无效。因此，同一花序上的花，应按开花先后顺序分批处理。

【课程资源】

设施小番茄打杈摘心

实训技能

技能　设施小番茄植株调整技术

一、目的要求

小番茄植株调整是小番茄生产过程中田间管理的重要内容，通过实验实训，掌握小番茄植株调整的一般技术。

二、技术环节

（一）支架

支架有"人"字形架、单杆架、四角锥形架、井字架等。支架一般在植株甩蔓时进行。插杆应距离植株基部 8~10 cm。

（二）整枝、打杈、摘心

小番茄的基本整枝方法有单干整枝（只留主干，去掉所有侧枝）、双干（蔓）整枝（主枝及其第 1 花序下侧枝）。当侧枝长到 6~7 cm 时打杈为宜。摘心时应注意果实上部要留几片叶子。

（三）绑蔓

绑蔓是对支架栽培的小番茄进行人工引蔓和绑扎固定的一项作业，一般采用"8"形绑蔓法。

三、考核标准

1. 掌握小番茄的支架操作。
2. 正确进行小番茄整枝、打杈、摘心、绑蔓操作。

练习思考题

一、选择题

1. 一般小番茄生长期间追肥（　　）次。

A.2~3　　　　　　　　　　B.4~5

C.5~6　　　　　　　　　　D.10~12

2. 单干整枝是温室栽培最常采用的小番茄整枝法，主要采取的是保留主枝，将花下枝杈及其他枝杈在（　　）cm 时一律打掉的方法。

A.2~3　　　　　　　　　　B.3~5

C.5~6　　　　　　　　　　D.10~12

3. 小番茄花粉发育适温为（　　）℃。

A.20~30　　　　　　　　　B.30~35

C.15~20　　　　　　　　　D.10~12

4. 摘心不宜过早，亦不宜过迟，一般在收获前（　　）天即第 1 朵花长足时进行。

A.30　　　　　　　　　　　B.40

C.50　　　　　　　　　　　D.60

5. 打杈应在晴天进行，最好在（　　），这时温度高，伤口易愈合。

A. 上午 8 时至下午 1 时　　　　B. 上午 9 时至下午 2 时

C. 上午 10 时至下午 3 时　　　 D. 上午 11 时至下午 4 时

二、填空题

1. 小番茄的需水量到结果盛期达到高峰，盛果期_____左右浇 1 次水，使土壤经常保持湿润。

2. 小番茄搭架一般有：_____、_____、_____。

3. 随着植株生长，绑蔓也应分多次进行，植株每增高_____cm，绑蔓 1 次，整个生育期需绑蔓_____次。

4. 打杈是对侧枝的处理，有利于植株通风透光，避免_____无谓的消耗。

5. 小番茄花芽分化和花器形成都是在苗期进行的，苗期温度过低，或者较长时间处于_____℃的低温状态，即影响花芽分化和花器形成，造成落花。

三、判断题

1. 一般定植后 10~15 d，结合浇水亩追施尿素 10 kg、硫酸铵 20 kg。（　）

2. 无限生长类型的小番茄，前期要适当控制肥料施用，特别是氮肥不能过多过重，以免引起植株徒长。（　）

3. 双干整枝是在小番茄第 1 穗花开花后，保留粗壮花下枝，使其发育成枝干，与原有主枝共同上引成为 2 个果枝，其后管理与单干整枝相同，即将所有杈子一律去除的方法。（　）

4. 果枝上的果穗生长到一定数目时，为了使主茎不再伸长，使养分更集中地运转到果实中去，应将最上果穗前留 2 片叶掐尖打顶，称为摘心。（　）

5. 在打杈时，不分有病毒症状的植株与正常植株，可以一起操作打杈。（　）

四、思考题

1. 简述小番茄搭架与绑蔓的必要性。

2. 简述小番茄整枝的必要性。

模块七　设施小番茄病虫害防治技术

项目一　设施小番茄病害防治

🍅 **学习目标**

知识目标

了解小番茄立枯病、叶霉病、病毒病等病害的危害症状、发病原因和发病时间，掌握正确识别、诊断小番茄病害的方法。

能力目标

能够对小番茄病害进行准确识别和诊断，具备判断病害种类和病情严重程度的能力，具备监测和管理小番茄病虫害的能力，及时调整防治策略。

价值目标

使学生认识到小番茄病害对产量和品质的影响，增强小番茄病害防治的意识和积极性，培养学生遵循环保、绿色、可持续发展的理念，引导学生关注农业生产中的实际问题，培养解决实际问题的能力。

任务一　设施小番茄常用杀菌剂

一、氢氧化铜

亦称可杀得或冠菌铜，是一种极微小的多孔针形晶体状保护性低毒杀菌粉剂，主要用于小番茄早疫病的防治。其作用机理是铜离子与病原菌蛋白质中的巯基（—SH）等基团相互作用，致使病菌死亡。可在小番茄早疫病发病前或初见病斑时喷药防治，每隔 7~10 d 喷 1 次，连续喷 3~4 次，每次每亩用 77% 氢氧化铜可湿性粉剂 200 g 配成 500 倍液喷施。

二、代森锰锌

亦称大生，属有机硫杀菌剂，化学名称为二硫代氨基甲酸锰锌，是一种低毒广谱保护性杀菌剂。其作用机理是与参与丙酮酸氧化的二硫辛酸脱氢酶中的巯基结合，从而抑制菌体内的丙酮酸氧化过程抑制真菌或细菌等病菌的生长。可在小番茄早疫病发病前或初见病斑时喷药防治，每隔 7 d 喷 1 次，连续喷 3~4 次，每次每亩用 70% 代森锰锌可湿性粉剂 200 g 配成 600 倍液喷施。

三、百菌清

属取代苯类杀菌剂，化学名称为四氯间苯二甲腈，亦称达科宁，是一种高效、安全的非内吸广谱杀菌剂，残效期长而且作用稳定。其作用机理是通过 3- 磷酸甘油醛脱氢酶中的半胱氨酸结合，破坏酶的活力，使真菌细胞的新陈代谢受到破坏而丧失生命力。百菌清对多种真菌病害具有预防作用，且具有良好的黏着性，药效期较长，可达 7~10 d。可用于小番茄早（晚）疫病、叶霉病、斑枯病及炭疽病等病害的防治，可在发病前或初见病斑时喷药防治，每隔 7 d 喷 1 次，连续喷 3~4 次，每次每亩用 75% 百菌清可湿性粉剂 150 g 配成 500 倍液喷施。

四、福美双

属有机硫杀菌剂、中等毒性广谱保护性杀菌剂，主要用于处理种子和土壤、防治小番茄立枯病等苗期病害。使用时可将 50% 福美双可湿性粉剂按 2% 比例掺于覆盖基质或土中，亦可渗于苗床土中，亦可用 500 倍液喷于土表或苗床消毒。

五、多菌灵

属苯并咪唑类低毒内吸广谱性杀菌剂，化学名称为 N-（2- 苯骈咪唑基）- 氨基甲酸甲酯。其作用机理是干扰真菌的有丝分裂中纺锤体的形成，从而影响其细胞分裂，对细菌病害无效。使用时可将 50% 多菌灵可湿性粉剂 600 倍液喷施于土表或幼苗上，用于小番茄苗期病害预防和定植后对各种真菌病害如茎基腐病、根腐病等的预防。

六、甲基托布津

亦称甲基硫菌灵，属苯并咪唑类广谱低毒内吸性菌剂，具有内吸预防和治疗等多种作用。它在植物体内可转化为多菌灵，干扰菌的有丝分裂而杀菌。可在小番茄叶霉病发生初期喷药，每隔 7~10 d 喷 1 次，连续喷 3~4 次，每次每亩用 50% 甲基托布津可湿性粉剂 50~75 g 配成 800~1 000 倍液喷施进行防治。

七、乙磷铝

亦称疫霉灵，化学名称为三乙磷酸铝，属内吸性低毒有机磷杀菌剂，作物吸收后能在植物体内上下传导，具有保护和治疗作用，对小番茄疫病、霜霉病等有良好防效。使用时每隔 7 d 喷药 1 次，连续喷药 3~4 次，每次每亩用 40% 乙磷铝可湿性粉剂 300 g 配成 500 倍液后喷施。

八、甲霜锰锌

甲霜灵是具有保护和治疗作用的内吸性杀菌剂，其作用机理是抑制真菌 RNA 的合成，可随植物茎叶上下传导；代森锰锌是广谱保护性杀菌剂，二者复配后可延缓甲霜灵抗性产生，使药效更好。用于小番茄病害防治，可在发病前每隔 7 d 喷 1 次，连续喷 3~4 次，每次每亩用 58% 甲霜锰锌可湿性粉剂 150~180 g 配成 500 倍液喷施。

九、霜脲锰锌

商品名克露，由具有内吸作用的霜脲氰和保护性杀菌剂代森锰锌混配而成。霜脲氰可抑制霜霉病和疫病的孢子萌发，代森锰锌可延长持效期。在小番茄晚疫病发生之前或初发期，每隔 5~7 d 喷 1 次，连续喷 3~4 次，每次每亩用 72% 霜脲锰锌可湿性粉剂 140~180 g 配成 500 倍液均匀喷洒。

十、腐霉利

亦称速克灵，是具有保护和治疗作用的低毒内吸杀菌剂，对小番茄灰霉病有效果。在病害发生前或发生初期，每隔 7~10 d 喷药 1 次，连续喷 2 次，每次每亩用 50% 腐霉利可湿性粉剂 50~100 g 配成 1 000 倍液喷施或使用 10% 腐霉利烟剂 200~300 g 烟雾防治。

十一、异菌脲

亦称扑海因，属触杀型保护性杀菌剂。其作用机理是破坏真菌孢子的萌发和产生，可用于小番茄早疫病的防治。在病害发生初期，每隔 7 d 喷 1 次，连续喷 3~4 次，每次每亩用 50% 异菌脲可湿性粉剂 100~200 g 配成 500 倍液喷施。

十二、瑞毒霉

亦称甲霜安、雷多米尔，属杂环类杀菌剂。内吸杀菌，双向传导，可用于小番茄疫病和苗期病害的防治。在病害发生初期，每隔 7 d 喷 1 次，连续喷 3~4 次，每次每亩用 58% 可湿性粉剂 100~200 g 稀释 600 倍液后喷施。

十三、乙烯菌核利

亦称农利灵，属二甲酰亚胺类触杀型保护性杀菌剂。其作用机理是干扰细胞核功能，改变膜的渗透性，可用于小番茄灰霉病的防治。在病害发生初期，每隔 7~10 d 喷 1 次，连续喷 3~4 次，每次每亩用 50% 乙烯菌核利可湿性粉剂 75~100 g 配成 1 000 倍液喷施。

十四、三唑酮

即粉锈宁，属三唑类高效、低残留、持效期长的低毒杀菌剂。其作用机理是抑制菌体麦角甾醇的生物合成，进而抑制菌丝孢子的生长，能被植物表面吸收后上下传导，对小番茄白粉病具有防治作用。在病害发生初期使用，可用 15% 烟雾剂 60 g 或 20% 三唑酮乳油配成 1 500 倍液喷施。

十五、杀毒矾

属高效、低毒、内吸式杀菌剂。由 50% 代森锰锌和 8% 苯基酰胺类内吸杀菌剂复配而成，能被植物表面吸收后上下传导，是具有良好触杀性能的广谱杀菌剂，对小番茄疫病具有防治作用。在病害发生初期使用，可用 64% 可湿性粉剂配成 600 倍液喷施。

十六、硫酸铜

亦称蓝矾，系蓝色块状结晶，低浓度下能抑制大多数真菌孢子萌发。一般用 0.1%~0.2% 硫酸铜溶液喷施叶面，可防治小番茄疫病等真菌病害，但配制时不能用铁器。

十七、波尔多液

由硫酸铜、生石灰和水混配而成，是一种传统保护性杀菌剂。由 1 份硫酸铜、0.5 份生石灰和 240 份水混配的波尔多液可用于小番茄疫病防治。

十八、硫黄粉

淡黄色固体粉末，加热后易升华蒸发，常用于硫黄熏蒸器消毒温室大棚或预防小番茄白粉病。

十九、敌克松

化学名对二甲氨基苯重氮磺酸钠，是一种浅黄色无味粉末，高毒，常用作农用杀菌剂。对由腐霉菌属及丝囊霉菌属引起的病害有特效，对一些真菌性病害也有防效。

二十、恶霉灵

是新一代新型内吸性杀菌剂、土壤消毒剂。绿色，环保，低毒，无公害，属新型抗重茬产品。定植时每株浇灌 15% 水剂 1 250 倍液 200 mL。

二十一、杜邦克露

是美国杜邦公司研制开发的一种新型杀菌剂，对黄瓜霜霉病和番茄疫病有理想的防治效果。常用剂型为72%可湿性粉剂，系克绝与万生的复配制剂，具有很多优点。

二十二、杜邦抑快净

是美国杜邦公司研制开发的一种新型杀菌剂，主要防治多种作物的霜霉病和疫病。

二十三、普力克

是一种具有局部内吸作用的低毒杀菌剂，属氨基甲酸酯类，对卵菌纲真菌有特效。使用72.2%普力克水剂600~800倍水液进行喷洒，选择晴天上午作业，注意叶片的正反面都要喷到，避免重喷和漏喷。

二十四、木霉菌

是一种常见的植物生物防治菌剂，可以有效控制多种植物病害。其主要活性成分是一种名为三萜醇的化合物，可以侵入病原体内部破坏其细胞壁，从而抑制其生长繁殖，达到防治病害的目的。

二十五、嘧霉胺

亦称甲基嘧啶胺、二甲嘧啶胺属苯胺基嘧啶类杀菌剂，对灰霉病有特效。其杀菌作用机理独特，通过抑制病菌侵染酶的分泌，从而阻止病菌侵染，并杀死病菌。具有保护和治疗作用，同时具有内吸和熏蒸作用，产品有20%、30%、37%、40%悬浮剂，20%、40%可湿性粉剂。

二十六、嘧啶核苷类抗菌素

通常简称为嘧苷，是一种在农业生产中广泛应用的抗菌药物。其主要特点是对多种真菌性病害具有显著的防治效果，同时还能调节植物生长，增强作物的抗病性和生长活力。

二十七、嘧菌酯

主要通过抑制病原菌线粒体的呼吸作用来阻止其能量合成，从而达到杀菌的效果。这种全新的作用机理使得嘧菌酯对多种病害都有良好的防治效果。

二十八、噻菌铜

又名龙克菌，属有机铜制剂，是一种噻唑类有机铜杀菌剂，对防治作物细菌性病害有特效。具有结构新颖、剂型先进、内吸传导性能好、低毒和安全等特点。

【课程资源】

设施小番茄常用杀菌剂

任务二 设施小番茄真菌性病害

一、猝倒病、立枯病

【症状】小番茄猝倒病与立枯病均为真菌引起的苗期植物病害，植株发病症状相似，不易区分。猝倒病表现为幼苗根系先死亡，茎基部随之变成水渍状，后缢缩而倒伏，如图7-1；发病速度快；床土潮湿时，病苗表面和附近床面上产生白棉絮状丝。立枯病一般发生在育苗的中、后期；发病初期茎基部产生椭圆形暗褐色斑，病苗白天萎缩，夜间恢复，以后病斑逐渐凹陷，扩大后绕茎一周，最后茎基部收缩干枯，植株死亡；发病速度

图7-1 小番茄猝倒病症状

较猝倒病慢，幼苗不折倒，土壤潮湿时，病部有同心轮纹及淡褐色蛛丝网状霉。

【病因】猝倒病是由鞭毛菌亚门腐霉属真菌侵染所致，立枯病由真菌半知菌亚门立枯丝核菌侵染所致。两种病在苗床低温高湿、高温高湿、通风排湿不良、光照不足时最易发病。在土壤水分多、施用未腐熟的有机肥、播种过密、幼苗衰弱、土壤酸性等的田块发病较重。

【防治方法】猝倒病和立枯病应采取以预防为主、药剂防治为辅的综合防治措施，重点加强苗床管理，培育壮苗，防止苗床或育苗盘高温高湿条件出现。催芽播种时间不宜过长，以免降低种子发芽能力。或用种子重量0.3%的70%敌克松原粉或50%多菌灵拌种。育苗土可用40%拌种双粉剂，或25%甲霜灵可湿性粉剂，或50%多菌灵可湿性粉剂8~10 g，拌入10~15 kg干细土配成药土，下铺1/3，上盖2/3预防。苗期喷洒0.1%~0.2%磷酸二氢钾和光合营养膜肥，可增强植株抵抗力。化学防治可在发病初期用15%恶霉灵水剂1 000倍液，或72%杜邦克露可湿性粉剂600倍液，或52.5%杜邦抑快净水分散粒剂2 000倍液，或72.2%普力克水剂800倍液加50%福美双可湿性粉剂800倍液喷淋，视病情隔7~10 d喷1次，连续喷施2~3次。

二、灰霉病

【症状】灰霉病主要危害花果，亦可危害叶片和茎。灰霉病菌侵入果实，在果实表面形成外缘白色、中央绿色的圆形病斑，病斑直径3~8 mm，俗称"花脸斑"，而后软腐，病部长出大量灰绿色霉层，严重时果实脱落，失水后僵化。叶尖病斑开始呈V形向内扩展，水渍状，浅褐色，深浅相间轮纹，潮湿时病斑表面可产生灰霉，叶片枯死。茎染病产生水渍状小点，迅速扩展成长椭圆形，潮湿时表面生灰褐色霉层，

如图 7-2。严重时可引起病部以上植株枯死。

图 7-2　小番茄灰霉病症状

【病因】小番茄灰霉病是由半知菌亚门、灰葡萄孢菌侵染所致，为真菌性病害。条件适宜时萌发菌丝，产生分生孢子，借气流、水流和管理操作接触进行传播。气温 4~32℃均可发病，适宜的温度为 20~25℃。小番茄灰霉病对湿度要求高，空气相对湿度达 90% 时开始发病，高湿维持时间越长，发病越严重。特别是秋冬茬和冬春茬保护地小番茄最易发生灰霉病。

【防治方法】增强棚室的保温性能；实行高垄覆膜栽培，膜下滴灌，降低田间湿度；注意摘除病果病叶、老叶、黄叶，保持植株通风透光；发现病株及时清除，减少菌源。化学防治可用 50% 腐霉利可湿性粉剂 800~1 000 倍液，或 40% 嘧霉胺悬浮剂 800~1 000 倍液，或 50% 乙烯菌核利水分散粒剂 1 000 倍液，或用 5 亿孢子 /g 木霉菌水溶剂 300~500 倍液等轮换用药进行防治。

三、晚疫病

【症状】晚疫病发生于叶、茎、果实，以叶片和青果受害严重。苗期发病较少，主要是成株期，此时感染多始于叶尖、叶缘，出现暗绿色不规则的水渍状病斑，后转为褐色，见图 7-3。叶背面出现灰褐色病斑、白色霉层。感病茎出现污黑色条状斑，病斑稍凹陷，中期病斑沿着茎向上和向下扩展，病斑呈长条形，病斑颜色也逐渐加深，后期病斑绕茎一周。青果极易染病，初呈暗绿色油斑状，渐渐呈不规则云纹状棕褐色病斑，果实质硬不软腐，边缘不变红，湿度大时会长出少量白色霉状物。

图 7-3　小番茄晚疫病症状

【病因】小番茄晚疫病是由小番茄壳针孢属致病疫霉菌引起的一种真菌病害。病苗和病种是晚疫病的主要来源，栽培管理上适宜温度和高湿环境容易造成晚疫病发生传播，通常气温在 25℃潜伏期最短，相对湿度 70% 以上，仅 3~4 d 即可发病。此外，栽培密度大、土壤肥力不足、湿度过大、氮肥过多都有利于病害的发生。

【防治方法】选择高抗晚疫病品种，如罗拉、中蔬 5 号等。合理施用氮肥，增施钾肥。采用高垄栽培，合理密植，加强通风透光管理。发现病株彻底清除，尽量减少传染源。化学防治可用 58% 甲霜灵锰锌可湿性粉剂 500 倍液，或 25% 瑞毒霉可湿性粉剂 800~1 000 倍液，或 60% 杀毒矾可湿性粉剂 500 倍液，或 72% 霜脲·锰锌可湿性粉剂 600~800 倍液，结合 45% 百菌清烟剂，每亩每次 250 g，每 7~10 d 用药 1 次，连续防治 2~3 次。

四、早疫病

【症状】小番茄早疫病又称"轮纹病"，主要危害叶片，亦危害幼苗、茎和果实。幼苗染病，在茎基部产生暗褐色病斑，稍凹陷有轮纹。成株期叶片被害，多从植株下部叶片向上发展，初呈水渍状暗绿色病斑，然后扩展为黑褐色轮纹斑，边缘有浅绿色或黄色晕环，中间有同心轮纹，且轮纹表面生毛刺状物，潮湿时病部有黑色霉物，严重时叶片脱落。茎部染病，病斑多在分枝处及叶柄基部，产生褐色稍凹陷病斑，表面生灰黑色霉状物。青果染病，始于花萼附近，初为椭圆形或不规则形褐色或黑色凹陷斑，后期果实开裂，病部较硬，密生黑色霉层。

【病因】小番茄早疫病是由茄链格孢菌侵染所致，属真菌性病害。病菌可从植株气孔、皮孔、伤口或表皮侵入。在气温 20~25℃，相对湿度 80% 以上或连续阴雨天气，易流行。重茬地、瘠薄地、浇水过多或通风不良保护地地块发病较重。

【防治方法】选择抗病品种（如欧缇丽等），施足腐熟的有机底肥，采用嫁接育苗种植，与非茄科作物 3 年轮作。管理上注意保温和通风。发病初期，及时摘除病叶、病果及严重病枝。开始喷施杀菌农药时，可用 50% 腐霉利可湿性粉剂 2 000 倍液，或 50% 腐霉利可湿性粉剂 1 000 倍液 +70% 甲基硫菌灵可湿性粉剂 600 倍液，或 50% 多霉灵可湿性粉剂 1 500 倍液喷雾防治，提倡轮换交替或复配使用，每 7 d 喷 1 次，连喷 2~3 次。

五、叶霉病

【症状】叶霉病主要危害叶片，常由下部叶片先发病，逐渐向上蔓延。初期叶片背面出现一些褪绿斑，后期变为灰色或黑紫色的不规则形霉层，如图 7-4，俗称"黑毛病"。叶片正面出现黄绿色、边缘不明显的斑点，严重时叶片常出现干枯卷曲，整株叶片呈黄褐色干枯。果实发病为果蒂附近或果面上形成黑色圆形或不规则斑块，硬化凹陷。

图 7-4　小番茄叶霉病症状

【病因】叶霉病为半知菌亚门褐孢霉属真菌性病害。高温高湿环境容易发病，温度一般为 20~25℃，相对湿度在 95% 以上。保护地多年连作、通风不良、空气湿度大的田块发病较重。或遇到低温多雨、连续阴雨年份保护地小番茄发病重。

【防治方法】选用抗病品种，如中杂 7 号、沈粉 3 号、佳红 15 等。种子可用 1% 高锰酸钾或 2% 武夷霉素，或 2% 硫酸铜浸种消毒。棚室利用夏季空茬时高温闷棚 20~30 d。管理上与非茄科作物进行 2~3 年以上的轮作，减少土壤中的病菌基数；采用双垄覆膜、膜下灌水的栽培方式，适时通风排湿，控制温湿度，增加光照；避免偏施氮肥，增施磷钾；及时清除植株病残体，带出田块，并集中烧毁或深埋。化学防治可用4%农抗120水剂600倍液，或10%苯醚甲环唑可湿性粉剂1 500~2 000倍液，或25%阿米西达悬浮剂2 000倍液喷雾防治，或10%百菌清烟雾剂300~350 g/亩，连喷或熏2~3次，施药间隔7~10 d。

六、枯萎病

【症状】又称萎蔫病，在花期或结果期开始发病。发病初期，出现失水萎蔫，早晚恢复正常，反复数日后，植株下部叶片变黄，如图7-5，严重时中上部叶片萎蔫、发黄、下垂，直至整株死亡。有时也表现为半边发病发黄，半边正常。病株根部、茎部维管束变褐色，空气湿度大时病部产生粉红色霉。

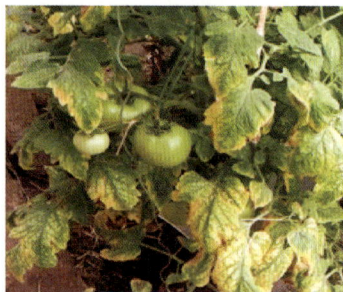

图7-5 小番茄枯萎病症状

【病因】枯萎病为小番茄尖镰孢菌小番茄转化型，属真菌界半知菌类病菌。一般从根系伤口、自然裂口、根毛侵入寄主，进入维管束，堵塞导管，并产出镰刀菌素导致病株叶片黄枯而死。保护地高温、高湿、连茬种植，土壤黏重、板结、透气性差，有根结线虫危害时发病重。

【防治方法】施用充分腐熟的有机肥，适当增施钾肥，有条件的可与非茄果类蔬菜实行3~5年轮作。种子用0.1%硫酸铜溶液浸种消毒催芽。育苗土每平方米床面用50%多菌灵可湿性粉剂8~10 g，加细土4~5 kg拌匀，1/3药土撒于床内，2/3药土作为覆盖用土。根据小番茄生育特性调节保护地环境，在发病初期可用50%扑海因可湿性粉剂1 000~1 500倍液，或70%甲基硫菌灵可湿性粉剂600倍液，或4%嘧啶核苷类抗菌素水剂200倍液，或30%甲霜·恶霉灵600倍液等喷雾防治，隔7~10 d用药1次，连用3~4次。

七、茎基腐病

【症状】在幼苗期及成株期均可发生，主要危害即将定植的大苗和已植小番茄的茎基部或地下部主、侧根。发病初期茎基部皮层初呈暗褐色，随后病部收缩变细即发生缢缩现象，严重时绕茎基或根茎扩展，导致皮层腐烂，如图7-6，地上部叶片变黄，果实膨大后因养分供应不足逐渐萎蔫枯死。拔出根部未见异常。

【病因】小番茄茎基腐病的病原为半知菌亚门真

图7-6 小番茄茎基腐病症状

菌的土传病害。土壤温度过高、过湿最易发病。病原菌菌丝生长最适温度为24℃，在低于12℃或高于30℃时，生长受到抑制。借水流、农具传播和蔓延。秋延后小番茄、秋冬小番茄或越冬大棚小番茄和长季节栽培的小番茄发病重。若定植时茎基部皮层受伤，栽植过深，土壤湿度偏大，连续光照不足，放风排湿不及时等都会造成茎基腐病的发生流行。

【防治方法】培育无病壮苗。加强田间管理，结合浇水撒施多菌灵、百菌清等广谱性杀菌剂。高温季节采用高垄栽培，避免水温低对秧苗茎秆基部的冷刺激。发病初期可喷施50%福美双可湿性粉剂500倍液，或36%甲基托布津悬浮剂500倍液，或70%甲基硫菌灵可湿性粉剂800~1 000倍液+50%腐霉利可湿性粉剂1 000~1 200倍液，隔7~10 d防治1次。

八、灰叶斑病

【症状】该病害以危害叶片为主，亦可危害茎秆和果实。发病初期叶面产生近圆形或不规则形小斑点，后期病斑中央由灰白色变为灰褐色，外缘具有黄色晕圈。病斑处极薄，易破裂、穿孔多，直至干枯，脱落。周围深褐色，危害的茎秆和果实为椭圆形病斑，后期病斑中央颜色为灰白色或淡褐色。单株发病往往由下部叶片向上蔓延。

【病因】灰叶斑病属于半知菌亚门真菌，保护地环境温暖潮湿是发病的重要条件，适宜发病的温度在25℃左右。土壤肥力不足，植株生长衰弱发病重。特别是冬春季不注意通风排湿，不使用无滴膜的棚室发病重。

【防治方法】增施有机肥及磷钾肥，增强植株抗性。管理上注意通风降低湿度。化学防治在发病前用45%百菌清烟剂250~300 g/亩熏杀，病期用75%百菌清600倍液，或25%嘧菌酯悬浮剂1 500~2 000倍液，或20%噻菌铜悬浮剂500倍液，或10%世高1 000~1 500倍液，或50%嘧菌酯4 000倍液喷雾防治，隔5~7 d喷1次药，共喷2~3次。

九、煤霉病

【症状】该病主要危害叶片、叶柄和茎。发病初期叶背产生褪绿色斑，扩大后叶背病斑呈淡黄色，近圆形或不规则形，边缘不明显，如图7-7，严重时叶片被褐色绒状霉层覆盖直至叶枯萎死亡。叶片上病斑近圆形或不规则形，初期呈现褪绿色或黄绿色斑。叶柄、茎发病时长出褐色霉层。

【病因】煤霉病属半知菌亚门真菌。病菌喜高温高湿的环境，适宜发病的温度15~38℃，发育适温25~27℃，相对湿度90%以上。连作地、土壤黏重，种

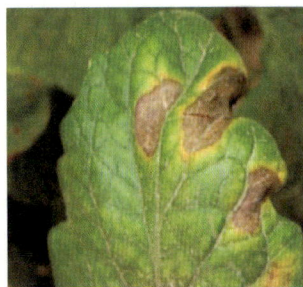
图7-7 小番茄煤霉病症状

植过密、通风透光差，浇水过多，下部老叶不及时清除的田块发病重。

【防治方法】保护地栽培可采用高畦栽培，密度适宜，中后期适时摘除底叶，以利通风透光；合理施肥，避免偏施氮肥，增施磷、钾肥；适度浇水，切勿大水漫灌。注意放风控制棚室内温湿度，避免形成高温环境；清洁田园，减少侵染菌源；发病地块实行与非茄科蔬菜 3 年以上轮作，以减少田间病菌来源。发病初期可用 50% 甲基托布津 500 倍液，或 40% 百菌清悬浮剂 600~700 倍液，或 50% 速克灵可湿性粉剂 1 000 倍液，或 77% 可杀得可湿性粉剂 1 000 倍液，或 50% 苯菌灵 1 500 倍液喷雾防治，每隔 7~10 d 喷 1 次，连续喷 3~4 次。

十、白粉病

【症状】白粉病主要危害叶片，叶柄、茎及果实有时也可被害。叶面初现白色霉点，散生，后逐渐扩大成白色粉斑，并互相联合为大小不等的白粉斑，严重时整个叶面被白粉所覆盖，像被撒上一薄层面粉，如图 7-8。叶柄、茎、果实染病时，发病部位也产生白粉状病斑。

【病因】白粉病属于半知菌门真菌。病菌主要依靠气流传播危害，在 25~28℃ 和干燥条件下该病易流行，病菌孢子耐旱力特强。在湿润的环境下该病会受到抑制。在保护地栽培中通过气流、农事操作等传播危害，完成病害周年循环。

图 7-8　小番茄白粉病症状

【防治方法】注意选用抗病品种。严格控制空气湿度，防止形成干燥的环境，及时浇水，清洁田园。保护地栽培宜加强温湿调控，主要用粉尘法或烟雾法防治；露地栽培于发病前或病害点片发生阶段及时连续喷药防治。化学防治可选用 15% 三唑酮可湿性粉剂 500 倍液，或 2% 武夷菌素水剂 150 倍液，或 10% 世高水溶性颗粒剂 1 500 倍液，或 50% 嗪胺灵乳油 500~600 倍液喷雾防治，隔 7~15 d 喷施 1 次，连续防治 2~3 次。

【课程资源】

设施小番茄真菌性病害

任务三　设施小番茄细菌性病害

一、青枯病

【症状】通常在植株开花坐果初期发生，先是顶端叶片萎蔫下垂，接着下部叶片萎蔫，中部叶片最后萎蔫，也有一侧或整株叶片同时萎蔫，中午明显，傍晚以后又恢复正常。发病到死亡植株一直保持绿色，叶片不凋落，叶脉褪色。病茎表皮粗糙，茎基部增生不定根或不定芽，湿度大时会出现水浸状褐色斑块，病茎维管束变为褐色，严重时茎切面上维管束溢出白色菌液。青枯病与枯萎病区别的重要特征是发病迅速，严重的病株经 7~8 d 死亡。

【病因】小番茄青枯病病原为青枯假单胞菌，是一类危害严重的土传细菌病害。病原通过灌溉水、地下害虫、操作接触等传播，主要通过根部或茎基部皮孔和伤口侵入，植株茎维管束繁殖扩展。在保护地栽培中高温高湿、久阴雨雪后转晴时发病较重，连年重茬、通风不良、土壤偏酸、钙磷缺乏等均易造成病害发生。

【防治方法】青枯病有发病急重的特征，宜早防。除了加强管理，增施有机肥外，可以在发病初期喷洒 3% 中生菌素可湿性粉剂 800 倍液，或 20% 噻菌铜悬浮剂 500 倍液，或 68% 农用硫酸链霉素可溶性粉剂 1 500 倍液。或用 72% 农用硫酸链霉素可溶性粉剂 450 g/ 亩灌根，5~7 d 灌 1 次，连灌 2~3 次。

二、细菌性溃疡病

【症状】小番茄各个时期都能发病，危害叶、茎、果。苗期发病多始于叶片，由下至上、叶缘及叶脉间逐渐变黄、变褐，严重的病苗在胚轴、嫩茎或叶柄上产生凹陷的条形斑，维管束变色，幼苗表现矮化或枯死。成株期先从一侧或部分叶片开始，多由下向上、由局部枝叶向全株发展。先期下部叶片边缘枯萎，逐渐向上卷起，随着病茎的加重，叶片变黄或褐色、皱缩、干枯，不脱落。在坐果期以后，茎上开始出现溃疡状灰白色至灰褐色条形枯斑，且髓部变褐色疏松的海绵状，并迅速向上下扩展，在茎内形成长短不一的空腔，导致茎下陷、开裂，或弯折，茎的下部表面有许多疣刺或不定根。在潮湿的条件下，病茎处会有白色的脓状物溢出。果实的表面上出现略隆起的白色晕圈，晕圈中心为褐色木栓化突起的病斑。病斑酷似鸟眼状，故称"鸟眼斑"。病果多为空心果或畸形果，种子很少或无种子，后期果肉腐烂。

【病因】小番茄溃疡病由棒状杆菌侵染致病，属于细菌性病害。保护地高温条件下容易发病，田间主要靠灌溉水传播，种子带菌是远距离传播的主要途径，整枝、绑蔓等操作管理亦可接触传播。病菌可从各种伤口、气孔或水孔侵入。病菌较耐低温，1~33℃范围均能发育，适宜生育温度为25~29℃。此外，保护地高湿、连作种植等不良条件均利于该病流行。

【防治方法】加强管理，进行嫁接培育壮苗。育苗土可用40%福尔马林或敌克松可湿性粉剂消毒。适时通风、降湿、透光。化学防治可在发病时用77%氢氧化铜可湿性粉剂400~600倍液，或72%农用硫酸链霉素可溶性粉剂4 000倍液。也可用荧光假单胞菌500~670 g/亩或4%春雷霉素可湿性粉剂500倍液灌根，间隔7~10 d，连灌2~3次。

三、细菌性髓部坏死病

【症状】该病在成株期易发生。发病初期上部茎叶表现褪绿、萎蔫，重时全株死亡。茎的下部发病产生褐色至黑褐色病斑，逐渐向上部扩展，纵剖病茎可见髓部变为黑褐色。表皮层多有圆形突起的"小疙瘩"或者不定根。湿度大时菌脓污液从茎的伤口或不定根处溢出。

【病因】细菌性髓部坏死病是由皱纹假单胞菌侵染所致。开花坐果前较少发生，而经过开花坐果期时，在营养生长与生殖生长竞争养分致长势不旺，或施用氮肥过多，磷钾肥不足、中微量元素缺乏等情况下易发生。病菌借助灌溉水传播，农事操作摘叶或抹杈等也能传播病菌。病菌在夜温低、湿度大的条件下繁殖较快。偏施氮肥，连作田块易发病。

【防治方法】平衡施肥，施足有机肥，增施磷、钾肥。加强水肥管理，高畦覆盖地膜栽培，降低湿度，提高地温，控制棚室空气湿度。整枝、摘叶、疏花果后及发病初期喷施药剂防控，可用77%可杀得可湿性粉剂500倍液，或14%络氨铜水剂300倍液，或72%农用硫酸链霉素4 000倍液，或30%氧氯化铜悬浮剂600倍液喷雾防治，每隔10 d1次，连续防治2~3次。

四、疮痂病

【症状】该病主要危害茎和果实，导致大面积的落果现象，病叶早期在叶背出现水浸状小斑，逐渐扩展近圆形或连接成不规则形黄褐色病斑，粗糙不平，病斑周围有褪绿晕圈，后期干枯质脆。茎部先出现水浸状褪绿斑点，后上下扩展呈长椭圆形、中央稍凹陷的黑褐色病斑。果实发病主要是着色前的幼果和青果，果面先出现褪色斑点，后扩大呈现黄褐色或黑褐色近圆形粗糙枯死斑，直径0.2~0.5 cm，有的相互连接成不规则形大斑块，果柄与果实连接处受害时，易落果。

【病因】由油菜黄单胞菌引起的细菌病害。病菌从伤口或气孔侵入危害。高温、高湿是发病的主要原因，栽培管理粗放、病田连作、土质黏重、积水、窝风或缺肥均可加重病害发生。

【防治方法】种子可用 1% 次氯酸钠溶液 + 云大 120 芸苔素内酯 500 倍液浸种消毒。初发病时用 47% 加瑞农可湿性粉剂 600 倍液，或 50% 琥胶肥酸铜可湿性粉剂 500 倍液，或 90% 新植霉素 4 000 倍液，或 25% 络氨铜水剂 500 倍液喷雾防治，药剂应注意轮换使用。

任务四　设施小番茄病毒性病害

一、症状

小番茄病毒病类型很多，有花叶型、蕨叶型、条斑型、卷叶型、黄顶型、坏死型等。花叶型表现为叶片黄绿或深浅相间斑驳，叶脉透明，叶略皱缩，植株矮化；蕨叶型表现为植株不同程度矮化，由上部叶片开始全部或部分变成线状，中、下部叶片向上微卷，花冠变为巨花。此外，有时还可见到巨芽、卷叶和黄顶型症状。

二、病因

引致小番茄病毒病的毒原有 20 多种，主要有烟草花叶病毒（TMV）、黄瓜花叶病毒（CMV）、烟草卷叶病毒（TLCV）、苜蓿花叶病毒（AMV）等。春夏两季烟草花叶病毒比例较大，而秋季以黄瓜花叶病毒为主。病毒病的发生与环境条件关系密切，高温干旱利于病害发生。此外，施用过量的氮肥，植株组织生长柔嫩或土壤瘠薄、板结、黏重以及排水不良发病重。

三、防治方法

选择抗病毒品种。种子用 10% 的磷酸三钠溶液或 0.1% 高锰酸钾溶液浸泡消毒。定植田要进行两年以上的轮作，可结合深翻，施用石灰，促使土壤中病毒钝化。肥水管理注意少量多次，做到不旱不涝。发现病株及时清除，减少病毒源。重防烟粉虱、白粉虱、蚜虫和蓟马等传毒害虫，可选药剂有噻虫嗪、吡虫啉、氯氰菊酯、吡蚜酮、啶虫脒等。化学防治可用 20% 盐酸吗啉胍·铜可湿性粉剂 300~500 倍液，或用 2% 氨基寡糖素水剂 800~1 000 倍液喷雾防治。

任务五 设施小番茄生理性病害

一、茎叶病害

（一）苗期无头

【病因】苗期温度长时间低于5℃或高于35℃，导致生理性缺硼，生长点生长受到抑制出现无头；控旺药、杀虫剂、三唑类杀菌剂、激素等使用不当，过度干旱及蓟马等害虫取食也会危害生长点。

【防治方法】加强管理，培育壮苗，避免高温、低温及干旱等不利于小番茄生长的逆境环境。可喷施爱多收、甲壳素、叶面硼肥等养根提头，促进新芽出现，待新芽转侧枝加强管理培育壮棵。对于蓟马等害虫可用吡虫啉、高效氯氟氰菊酯等药剂喷防。

（二）生理性卷叶

【病因】生理性卷叶与品种有关，不同品种之间差异较大。氮肥施用过多，会引起小叶翻转、卷曲；钙、硼等微量元素缺乏，会引起叶片僵硬、叶缘卷曲，或者叶片细小、畸形。摘心过早容易使腋芽滋生，叶片中的磷酸无处输送，导致叶片老化，发生大量卷缩。进入结果盛期后，遇到高温、干旱天气而不能及时补水，此时叶片面积大，高温和强光使叶片蒸腾作用加强，植株下部叶片易发生卷缩。在棚室内通风换气时，通风过急过快，室外冷空气与室内暖空气交换强烈，极易造成通风口附近的小番茄叶片卷曲。

【防治方法】只要叶片卷缩不严重，对产量的影响不大，可不必采取防护措施。为了预防严重的生理性卷叶，可以在大拱棚夏秋茬或日光温室秋延迟茬采取遮阳网覆盖，往植株上喷水等方法降温预防。加强肥水管理，防止氮肥过量，保持土壤湿润，适时摘心、整枝，保持合理的叶面积等措施也可预防。在植株定植后至坐果前进行抗旱锻炼也能起到有效预防作用。

二、花果病害

（一）畸形花

【病因】小番茄在幼苗分化期间，遇到温度过低或骤高骤低，干湿不当，氮肥过足，以及有害气体等影响花芽正常分化的情况而形成畸形花，造成小番茄花的花瓣、花萼和雌蕊数复合增多，且排列不整齐。此外，地温、光照、营养也都对畸形花的形成有一定的影响。

【防治方法】加强小番茄苗期温度管理，幼苗长到 2~4 片叶时进入花芽分化期，苗床气温白天保持在 24~25℃，夜间在 15~17℃，温差在 8~10℃，地温在 18~22℃。当苗高 15 cm 时开始控水蹲苗。此外，应补充尿素和磷酸二氢钾营养液，延长光照时间 8 h 以上。

（二）畸形果

【病因】在温室小番茄生产中，畸形果极易呈现尖顶、脐部突出、多棱形、半顶形等形态。一般与品种特性有关，通常鲜食大果型品种发病重。在花芽分化和发育期，若连续一周遇到 3~4℃ 的低温夜或干旱、氮肥过多等，也会产生畸形果。蘸花时使用的小番茄灵浓度过高，重复蘸花或蘸花时温度过高，容易产生畸形果。

【防治方法】选择抗逆性强、果皮厚、耐储运的品种。在幼苗花芽分化期，尤其是 2~5 片真叶展开期，白天温度保持在 25~28℃，夜温控制在 12~16℃，以利于花芽分化。苗期合理肥水，避免氮肥过量引起徒长。适时喷施宝多收、叶面宝、光合微肥、磷酸二氢钾等叶面肥或含硼、钙的复合微肥。在花芽分化期间（2~6 片叶），避免使用矮壮素、乙烯利等可以促进小番茄产生畸形果的植物生长调节剂。在激素处理促进坐果上，要掌握正确的方法，尤其要注意不能重复蘸花或一朵花蘸的药液过多。及时疏花疏果，以利正常花、果的发育。

（三）空洞果

【病因】小番茄空洞果的发生受栽培季节的影响较大，相同品种在日光温室越冬茬及早春茬栽培时小番茄空洞果率明显升高，反之，秋冬茬及晚春茬栽培时空洞果发生率低。受品种影响，早熟品种形成空洞果也较多。在始花期，蘸花时激素浓度过高或重复蘸花会形成空洞果；在开花坐果后，如果遇上持续阴雨雪天气，光照不足，养分供应不足，浇水量及追肥量不匀，氮肥过量等造成果皮生长与果肉生长不协调，易形成空洞果。此外，留果太多，营养物质供应不上也易形成空洞果。

【防治方法】根据品种特性合理安排茬次，选择心室较多的品种。施足基肥，平衡配施氮磷钾肥，适期灌水，促使植株营养生长和生殖生长平衡发展。在幼苗花芽分化期，避免出现低于 10℃ 或高于 35℃ 以上的温度。在开花结果期，在适当的开花程度点花，合理使用点花激素浓度，不要重复使用，可采用熊蜂授粉。结果期应及时疏果。

（四）脐腐病

【病因】脐腐病病因较多。一般是缺钙，在开花后 12~15 d，果实体积增长相对较快，对钙的需求量较大，容易引起局部缺钙，导致脐腐病的发生。此外，光照弱、生产时间长，土壤含盐量较高、干旱、水分供应不足或失常，易发生脐腐病；施用未腐熟的有机肥或施肥过多引起烧根造成发病；沙质土壤或黏重土壤易发病。

【防治方法】结合整地增施腐熟好的有机肥，特别对过黏或含沙过多的土壤，增强保墒能力。追肥时应注意氮磷钾肥的配合使用，避免偏施氮肥。酸性土壤可用石灰改良。在小番茄着果后连续喷施钙肥 2~3 次，可喷 1% 过磷酸钙，或 0.3% 的氯化钙，或 0.5% 氯化钙加 5 mg/kg 萘乙酸、0.1% 硝酸钙及爱多收 600 倍液。生产中期注意打杈、摘除病老黄叶、疏花疏果，减轻对钙的争夺，预防脐腐病，也利于提高果实的整齐度和商品性。

（五）筋腐果

【病因】筋腐果分为褐变型筋腐果和白变型筋腐果，其中褐变型筋腐果最常见，是温室小番茄发生较重的一种生理性病害，主要与多种不良环境条件综合作用有关。低温、高温、弱光、高夜温或缺钾、氮肥过足或病毒感染等因素，都能诱发筋腐果病。其中，缺钾时发病明显加重。

【防治方法】施足有机肥。对土壤板结地块，采用生物菌肥＋土壤改良剂调整。定植时合理密植、整枝，及时疏叶，改善通风光照条件。当小番茄果实膨大期时，应结合植株长势，适当增加高钾型水溶肥，减少高氮型肥料的施用。保持土壤湿润，以免忽干忽湿而伤害根系影响钾元素的吸收。注意防治蚜虫和病毒病等。

（六）顶裂果

【病因】高温导致花芽分化不良，形成畸形花，而畸形花是导致顶裂果的重要原因。一是由于小番茄品种原因，不耐高温，对温度适应能力差；二是夏季棚内温度过高，在棚室管理过程中通风不及时，致使中午前后棚内温度达到 40℃，使得小番茄植株花芽分化不良，从而产生顶裂果等畸形果；三是缺钙或钙元素吸收不良，在开花期缺乏钙元素会导致雌花柱头开裂，形成畸形花，后期随着果实生长发育就逐渐形成顶裂的畸形果；四是温度变化剧烈或水肥管理不当，棚室温度骤然升高，天气阴晴忽变，导致果肉与果皮生长速度不同步，从而出现裂果，或因水肥管理不当，如浇水不均、中午前后浇水、过量施用化肥（高氮、高钾）等，影响植株对中微量元素的吸收，导致果实营养不良，从而使果实出现极易开裂的情况。

【防治方法】适当遮阳降温，避免棚内温度过高，可通过铺设遮阳网、喷降温剂等措施。及时补充钙肥，可叶面喷施，每隔 7 d 喷 1 次，连续 2~3 次。缺硼时要适当补充硼肥，在喷施钙肥的同时加入"硼尔美""速乐硼"等含硼叶面肥。加强棚内温湿度调控，根据外界天气变化和土壤墒情进行管理，避免棚内温度剧烈变化，土壤旱涝不均，偏施化肥等，从而创造适宜小番茄生长发育的环境条件。

（七）果实着色不均

【病因】一是温度。温度是小番茄果实着色不均的主要原因，当温度低于 10℃ 或高于 30℃ 时，都会抑制番茄红素的形成。温度在 18~26℃ 时，果实着色最佳。二是光照。若种植密度过大，株间的相互遮阳，使果实得不到充足的光照，从而造成小番茄着色不良，出现绿肩果、着色不均匀。三是氮肥过多，钾肥不足。施用氮肥过多，叶绿素就要增高，影响小番茄着色。钾肥不足，小番茄容易出现黄绿色肩果。此外，根系由于病虫害或环境因素等影响，吸收肥水能力降低，也会导致果实转色缓慢、着色不均。

【防治方法】根据保护地种植茬口合理选择品种、定植密度等。控制好温度、光照等棚室环境。在果实膨大期可喷施磷钾叶面肥 + 钙、硼等微肥促其生长均衡。

项目二　设施小番茄虫害防治

学习目标

知识目标

学习设施小番茄常用杀虫剂及其特性、小番茄虫害危害症状及发病原因，能正确识别、诊断小番茄虫害。

能力目标

熟练运用农业防治方法、生物防治方法和化学防治方法对小番茄虫害进行防治，具备对小番茄虫害进行诊断和监测的能力，使其能够独立解决小番茄虫害问题。

价值目标

培养学生良好的农业环保意识，掌握绿色、低碳、安全的农业生产技术，提高综合素质。

任务一　设施小番茄常用杀虫剂

一、辛硫磷

商品为50%乳油，见光易分解，属中毒有机磷农药，主要用于土壤地下害虫防治。常用方法是使用500倍液灌根或地面喷洒防治小地老虎及蛴螬、蝼蛄等害虫。

二、扑虱灵

25%可湿性粉剂或10%乳油剂型的扑虱灵，对温室白粉虱及其虫卵均有良好的杀灭效果，最佳施药方式为日出前进行叶面喷施。

三、吡虫啉

常用10%乳油，对于白粉虱有良好杀灭作用，主要用于温室白粉虱防治。与扑虱灵结合起来用效果更好。

四、联苯菊酯

属菊酯类杀虫剂，商品名为天王星，系2.5%联苯菊酯乳油，常用于蚜虫、红蜘蛛、棉铃虫等小番茄害虫的防治。

五、爱福丁

商品为1.8%~30%浓度不等的乳油，主要用于防治斑潜蝇等害虫。

六、速灭杀丁

属菊酯类杀虫剂，商品为20%乳油，常用于蚜虫、红蜘蛛、棉铃虫等小番茄害虫的防治。

七、氰氨化钙

商品名正肥丹，俗称石灰氮，既是一种迟效强碱性氮素肥料，又对土壤具有杀虫作用。氰氨化钙可在水分和二氧化碳的作用下生成碱性氰氨化钙，进一步通过酸性作用生成游离氰氨，最终水解转化成尿素和碳酸铵。因其只有在酸性土壤中才能够顺利完成肥料的转化释放过程，所以正肥丹适用于酸性土壤。如果在碱性土壤中可转化成双氰氨，双氰氨不仅不能转化成作物所需要的氮素肥料，同时还对作物有毒害作用。生产中可根据不同作物和土壤线虫发生的密度，选用正肥丹50~100 kg/1 000 m² 作为基肥提前撒施、开沟施，要求均匀，施用后多次翻耕，使其与土壤充分混合，可杀灭土壤中线虫幼虫，减轻危害。

此外，三氯杀螨醇、功夫、抗蚜威、敌杀死、氯氟菊酯、灭扫利、来福灵、溴氰菊酯及绿菜宝、乐斯本等杀虫剂也可用于小番茄各种害虫的防治。

【课程资源】

设施小番茄常用杀虫剂

任务二　设施小番茄常见虫害

一、吸食性虫害

（一）温室白粉虱

【为害特点】温室白粉虱成虫和若虫吸食植物汁液，被害叶片褪绿、变黄、萎蔫，甚至全株死亡。此外，分泌大量蜜露，污染叶片和果实，诱发霉污病，严重时造成减产或降低品质，亦可传播病毒病。

【发生规律】在北方温室内，一年发生好几十代，且世代重叠。第 2 年春暖时，白粉虱便从温室内向露地迁移、扩散为害，成为露地蔬菜的虫源。虫口密度在 6~7 月迅速增长，8~9 月增长最快。9 月以后，随着气温的下降，露地寄主上的虫口密度减少，并开始向温室内迁移为害。

【防治方法】育苗和栽培棚要清除残株杂草、熏杀残余成虫，先培育"无虫苗"，再定植到清洁的生产温室；结合整枝打杈，摘除带虫老叶携出田外处理。在发生初期，利用成虫对黄色有强烈的趋向性，悬挂黄色粘虫板，诱杀成虫，每亩需 35 块左右。可人工繁殖释放丽蚜小蜂，白粉虱成虫在 0.5 头 / 株以下时，按照 15 头 / 株量释放，每隔 10 d 左右放 1 次，共放蜂 3~4 次。药剂防治可用 25% 扑虱灵可湿性粉剂 1 000~1 500 倍液，或 10% 吡虫啉可湿性粉剂 1 500 倍液，或 25% 噻虫嗪水分散颗粒剂 2 000~3 000 倍液，或 20% 啶虫脒 3 000 倍液喷雾防治。

（二）蚜虫

【为害特点】成虫和若虫在叶背面和嫩梢、嫩茎上吸食汁液。植物组织被害后，表现叶片卷缩、变黄，叶面皱缩下卷，生长停滞，甚至全株萎蔫死亡；老叶受害时不卷缩，但提前干枯。蚜虫还可以传播各种病毒病，其危害大于本身。

【发生规律】蚜虫可耐 -10℃ 左右的低温。温度高于 6℃，约 24 d 完成一代；温度在 16℃ 时，约 10 d 完成一代；温度在 20℃ 时，4~5 d 便完成一代。温度越高，蚜虫的活动范围也越大，如果控制不好，会在短时期内暴发成灾，危害程度不可忽视。

【防治方法】合理安排蔬菜茬口可减少蚜虫危害。例如与韭菜搭配种植，利用韭菜挥发的气味对蚜虫有驱避作用，降低蚜虫的密度，减轻蚜虫危害。释放蚜虫天敌，如草蛉、食蚜蝇、食虫蟒等，以天敌来控制蚜虫数量。通过悬挂黄色粘虫板诱杀或者银灰色薄膜驱避蚜虫。化学防治可喷杀虫剂药液，也可烟熏控制，如 20% 多灭威可湿性粉剂 2 000~2 500 倍液，或 4.5% 高效氯氰菊酯 3 000~3 500 倍液，或 50% 抗蚜威可湿性粉剂 2 000~3 000 倍液，或 2.5% 功夫乳油 3 000~4 000 倍液喷雾防治，也可用 10% 异丙威菌虫双杀烟雾剂熏杀，用量为 300~400 g/ 亩。

二、取食性虫害

（一）斑潜蝇

【为害特点】该虫从幼虫到成虫均为害蔬菜，以幼虫为害为主。幼虫在小番茄叶片内、幼茎组织内取食，使叶片和茎布满"蛇形"白色蛀道，严重的潜痕密布，破坏叶片的正常组织，影响植株的光合作用。可造成叶片脱落、植株早衰，幼茎生长点遭到取食易形成"无头苗"。

【发生规律】斑潜蝇繁殖能力强，寄主范围广，发生代数多，世代重叠严重，一年一般为 21~24 代。雌虫把卵产在部分伤孔的表皮下，雌虫一生平均产卵110~300 粒，卵经 2~5 d 孵化，幼虫期 4~7 d，蛹经 7~14 d 羽化为成虫。成虫具有趋光性、趋绿性、趋黄性。

【防治方法】深耕、整地，清洁被害小番茄植株残体，以降低虫源。夏季换茬时可以高温闷棚 30 d，杀死虫源。释放天敌姬小蜂、反颚茧蜂、潜蝇茧蜂等寄生蜂。化学防治可用 10% 除虫脲悬浮剂 3 000 倍液，或 25% 灭幼脲悬浮剂 2 500 倍液，或20% 斑潜净乳油 1 500 倍液，或 1.8% 的阿维菌素乳油 3 000~4 000 倍液在早晨或傍晚喷雾防治，间隔期为 5~7 d，连续用药 3~5 次。

（二）棉铃虫

【为害特点】棉铃虫以幼虫蛀食小番茄植株的蕾、花、果，并且食害嫩茎、叶、芽。蕾受害后，苞叶张开，变成黄绿色，2~3 d 脱落。幼果常被吃空或引起腐烂而脱落，大果被蛀食部分果肉，易进水和病菌感染而引起腐烂、落果，造成减产。

【发生规律】棉铃虫喜温喜湿，一年内发生多代，20~30℃为最适宜生存温度，冬春茬小番茄受害较为严重。成虫交配和产卵多在夜间进行，卵散产于植株的嫩梢、嫩叶及茎部，每头雌虫产卵 100~200 粒，产卵期 7~13 d。成虫昼伏夜出，黄昏时活动最盛，可以在此时喷药防治。

【防治方法】每茬小番茄种植前深耕，降低虫口基数。加强田间管理，合理肥水，培育壮株，增强抗虫性。在棉铃虫产卵始、盛、末期释放赤眼蜂，每亩放蜂 1.5 万头，每次放蜂间隔期为 3~5 d，连续 3~5 次。在成虫产卵期结合喷防虫药加入 2% 过磷酸钙浸出液，可减少产卵量。在成虫羽化期安装高压汞灯及频振式杀虫灯诱蛾杀灭。化学防治可用2.5% 溴氰菊酯乳油 2 000~3 000 倍液，或 40% 菊马乳油2 000~3 000 倍液，每隔 7~10 d 喷杀 1 次，连续防治 2~3 次。

【课程资源】

设施小番茄常见虫害

练习思考题

一、选择题

1.氢氧化铜是一种极微小的多孔针形晶体状保护性低毒杀菌粉剂，主要用于小番茄的（　　）防治。

　　A.早疫病　　　　　　B.青枯病　　　　　　C.病毒病　　　　　　D.卷叶病

2.福美双属有机硫杀菌剂，主要用于处理种子和土壤，防治小番茄（　　）等苗期病害。

　　A.早疫病　　　　　　B.青枯病　　　　　　C.病毒病　　　　　　D.立枯病

3.茎基腐病病原菌菌丝生长最适温度为24℃，在低于12℃或高于（　　）时，生长受到抑制。

　　A.30℃　　　　　　B.32℃　　　　　　C.34℃　　　　　　D.36℃

4.灰叶斑病属于半知菌亚门真菌，保护地环境温暖潮湿是发病的重要条件，适宜发病的温度在（　　）左右。

　　A.20℃　　　　　　B.25℃　　　　　　C.30℃　　　　　　D.35℃

5.白粉病属于半知菌门真菌。病菌主要依靠气流传播危害，在（　　）℃和干燥条件下该病易流行，病菌孢子耐旱力特强。

　　A.20~25　　　　　　B.25~28　　　　　　C.28~30　　　　　　D.30~35

二、填空题

1.百菌清可用于小番茄_____、_____、_____、_____及炭疽病等病害的防治。

2.灰霉病主要危害_____，亦可危害叶片和茎。

3.小番茄早疫病又称"轮纹病"，主要危害_____，亦危害幼苗、茎和果实。

4.疮痂病是由油菜黄单胞菌引起的_____病害。

5.小番茄病毒病类型很多，有_____、_____、_____、卷叶型、黄顶型、坏死型等。

三、判断题

1.代森锰锌可在小番茄早疫病发病前或初见病斑时喷药防治，每隔7 d喷药1次，连续喷药3~4次，每次每亩用70%代森锰锌可湿性粉剂200 g配成600倍液喷施。（　　）

2.腐霉利是具有保护和治疗作用的低毒内吸杀菌剂，对小番茄灰霉病有效果。
（　）

3.小番茄猝倒病与早疫病均为真菌引起的苗期植物病害，植株发病症状相似，不易区分。（　）

4.叶霉病主要危害叶片，常由上部叶片先发病，逐渐向上蔓延。（　　）

5.枯萎病又称萎蔫病，在花期或结果期开始发病。（　　）

四、思考题

1.简述晚疫病的发病症状。

2.简述小番茄青枯病致病原因。

模块八　设施小番茄的采收与贮运

项目一　设施小番茄的收获及处理

学习目标

知识目标

掌握设施小番茄的采收及贮藏要求，能完成设施小番茄分拣。

能力目标

提高学生对设施小番茄采摘、分拣、贮藏技术的实际操作能力，能够独立完成设施小番茄的生产过程，确保产量和质量。

价值目标

通过学习设施小番茄采摘、分拣、贮藏技术，提高学生对农业产业的认知，同时增强学生的社会责任感，使其积极参与农业技术推广和普及工作，成为推动农业现代化发展的中坚力量。

任务一　设施小番茄的采收

小番茄果实成熟的迟、早及采收的时期，因品种特性、栽培目的及栽培技术而异。小番茄从开花到果实成熟，早熟种 40~50 d，中晚熟种 50~60 d，应根据需求适时进行采收，如需催熟，再进行贮果催熟操作。

一、适时采收

小番茄果实的成熟及采收可分为 4 个时期。

1.绿熟期（也叫青熟期）。果实已充分膨大，基本停止生长，果顶及果面大部分变白，果实变硬，尚未着色。

2.转色期。果实顶部 50%~70%、整个果面约 30% 已转为成熟色。此时采收适于提早上市及较长时间贮运，也有利于后期果实的发育。

3.成熟期（也叫坚熟期）。除果实肩部以外，3/4 果面都已着色（红色或黄色），有光泽，肉质较硬，营养价值较高。此时采收适于立即上市，不宜贮藏和远途运输。

4.完熟期。果实完全着色，肉质变软，色泽更艳，含糖量较高。此时采收适合立即上市和鲜食，不宜贮藏和远途运输。

二、贮果催熟

为了促进小番茄成熟，增加果实的成熟度，提高其商品价值，生产者常进行人工催熟。

（一）增温处理

将已充分膨大的绿熟果堆放在温度较高的地方，如室内、温床、温室等，增高温度，加速成熟。此法可比自然状态下提早红熟 2~3 d。采用加温催熟虽简单易行，但存在果色不均、色泽不鲜，缺乏香味，味酸，催熟时间长等缺点。此外，温度高时容易造成小番茄凋萎、皱缩及腐烂等。

（二）化学处理

化学处理最常用的药剂是乙烯利。用 500~1 000 mg/kg 乙烯利喷果，果实色泽品质较好，但较费工。在植株上喷洒时，为避免引起黄叶及落叶，尽量避免喷到叶面上，可以用毛笔蘸取较高浓度（2 000 mg/kg 或以上）的乙烯利涂抹在果柄或果蒂上，也可涂抹在果面上。或将果实连同果柄一同摘下，在 2 000~3 000 mg/kg 乙烯利溶液里浸泡 1~2 min，取出后将果实堆放在温床内，保持床温 20~25℃，并适当通风，防止床内湿度过大而引起腐烂。经过 5~6 d 处理后，果实随即转红。催熟时要轻拿轻放，尽量避免损伤果实。病果、虫果应尽早剔除。此方法成本低，省工，可提早 5~7 d 红熟。

三、采摘方法

采摘时应努力将损伤和浪费减少到最低程度，并能根据需要确定最佳的采收期。设施小番茄采收基本上采取手工采摘，采摘应注意避免机械损伤。采摘时田间使用的容器应洁净，内表平滑，边缘平展。采摘时应努力将采收时的损伤和浪费减少到最低程度，并能根据需要确定最佳的小番茄采收期。采收时及采收后应避免将小番茄产品置于太阳底下，以防晒伤。如果无法立即运走，应将其置于阴凉处。采收时间应选择早晨或傍晚，此时果实内部温度较低，可减少预冷所需的能量。

【课程资源】

设施小番茄的采收

任务二　设施小番茄的分拣处理

一、卸果

小番茄产品从田间采收筐送到包装场后，首先应将果子倒出，称为卸果。卸果可采用湿法卸果，即利用含有效氯浓度为 100~150 mg/kg 的流动加氯水移送果品，以减少果实的碰伤与擦伤。亦可采用干式卸果，即用加衬垫的斜面或传送带来减少对产品的损害。小番茄卸果后，依次经过预选、清洗、涂蜡和大小分级等工序，便可装箱贮藏或上市销售。

二、预选

产品的预选是指在冷却或其他处理前，剔除受损伤的、腐败或其他有缺陷的产品，以防扩散到其他个体上。选果台要设在对选果者操作适宜的高度，选果台与选果箱的摆放位置要尽量减少手的移动幅度，选果工作台的宽度应小于 0.5 m。

三、清洗

清洗是采用加氯处理的洗果水对小番茄进行水洗的过程，有助于控制包装操作中的病原体的生长，控制产品个体间病害的传播。可以先用次氯酸溶液（50~70 mg/kg 的有效氯）浸泡 2 min，然后用自来水清洗，以防止细菌、真菌等病害发生。

四、涂蜡

涂蜡是在果品表面涂抹一层可食性蜡，该操作能够补偿清洗过程中损失的自然蜡质层，有效减少小番茄在加工销售环节的水分散失。如果产品经过涂蜡，就必须使蜡层完全干燥。

五、分级

分级是将小番茄依据质量标准要求加以区分，是小番茄进入市场之前的重要措施。国内最常用的是手工分级，手持式分级器可依据小番茄果实直径等规格参数，对果实进行分选，操作人员应经过培训，能合理分级并将分级后的产品直接装箱。大型蔬菜农场亦可用大小分级机进行分级，用一组呈分叉状排列的杆式滚筒的旋转式圆筒选果机，小者通过滚筒先掉入滚筒下的分选带或果箱中，大者依次随滚筒间隙变大而陆续落下。另外，亦可用不同规格的方形孔的分级链进行分级。

【课程资源】

设施小番茄的分拣处理

任务三　设施小番茄的贮存保鲜

一、贮存

小番茄从采收至销售，经过贮藏、运输等环节，其中温度控制是保障品质的关键要素。小番茄果实采收后仍是活的生命体，具有呼吸作用。通过机械制冷或地下室等低温环境，可有效抑制小番茄的呼吸作用，降低其对乙烯的敏感性，并减少水分散失，从而延长其贮藏寿命。小番茄冷却方法很多，但应控制小番茄冷藏库的温度在13~15℃为宜，温度过低，将会使小番茄成熟后着色不好或发生链格孢腐烂等低温冷害症状，降低产品品质。

常用的冷却方法有以下5种。

（一）室内冷却

在有机械制冷的冷藏库，利用制冷机进行室内冷却，费用相对较低。冷藏库可以采用水泥做地板，以聚亚胺酯泡沫塑料作为隔热层，所有的连接处必须防漏，且门必须用橡皮密封。

（二）强制通风冷却

利用风扇强制让冷空气或冷湿空气通过具有通风孔的包装箱等贮藏容器，从而大大加快小番茄产品的冷却速度，达到迅速制冷的目的。可用于包装产品的强制预冷。

（三）水冷

将产品浸入装有冷水的罐中，或将输送带上输送的产品用冰水冷却，具有冷却迅速、均匀等特点。若用含氯冰水，可同时实现消毒和预冷。

（四）夜间通风冷却

在昼夜温差较大的地区，可以用隔热良好的材料建造贮藏库，其通风口位于地面，夜间可打开通风窗，用风扇将冷空气抽入贮藏室，利用夜间冷空气来冷却贮藏库，日出前将通风窗关闭而维持低温。

（五）冰冷却

冰冷却采用冰仓方式，即冷空气经冰罐降温后，再通入存放小番茄的空间进行冷却。此外还可用辐射冷却、井水冷却或将产品运往较高海拔的地方等方法降低冷却费用，达到低温贮藏的目的。

二、包装

包装是实现小番茄标准化，保证安全贮运和销售的重要措施。小番茄产品的包装可用硬质塑料筐或瓦楞纤维板箱等硬质材料，可使产品固定，以防压扁，减少震动，起到保护作用。包装完成后，应在包装箱上通过粘贴、盖印或模板印刷的方式标注标签。标签不仅可为生产者、包装者和经销商进行品牌宣传，还能为销售商提供操作指引，为消费者提供保存方法和食用指导。运输标签应包括产品的名称、净重、商标名、包装或运销商名称和地址、产地、等级或尺寸、建议贮藏温度及其他特别说明。

三、运输

温度管理在小番茄长距离运输中是很重要的，堆码时应注意让空气适当流通，以带走产品的呼吸热和来自大气或路面反射的热量。运输车辆应具备良好的隔热通风性能，以保持预冷过的产品处于低温通风的条件下，产品的堆码方式应能使机械损伤降到最低。在夜间和清晨运输，能带走装载产品的许多热量。为了减少热量从车厢外部传入货堆，堆码时必须尽量减少产品与地板、产品与车厢壁的接触面积。短距离运输可用敞篷车加盖帆布并加装风罩以利车内通风降温；长距离运输则可用冷藏车根据小番茄所需温度控温运输。产品到达运输地后，要避免野蛮操作，减少处理环节，以保持适宜的较低温度。如果产品销售前需要贮藏，则必须将批发市场及零售市场清理干净，与不同种类蔬菜相互隔离。

【课程资源】

设施小番茄的贮存保鲜

练习思考题

一、选择题

1. 小番茄的冷却方法很多，但应控制小番茄冷藏库的温度在（　　）℃为宜，温度过低，将会使小番茄成熟后着色不好或发生链格孢腐烂等低温冷害症状，降低产品品质。

　　A.5~10　　　　　　　　　B.10~15

　　C.13~15　　　　　　　　D.15~20

2. 成熟期（也叫坚熟期），除果实肩部以外，（　　）果面都已着色（红色或黄色），有光泽，肉质较硬，营养价值较高。此时采收适于立即上市，不宜贮藏和远途运输。

　　A.1/4　　　　　　　　　B.2/4

　　C.3/4　　　　　　　　　D.3/5

3. 化学处理最常用的药剂是乙烯利。用（　　）mg/kg乙烯利喷果，果实色泽品质较好，但较费工。

　　A.100~200　　　　　　　B.200~500

　　C.300~700　　　　　　　D.500~1 000

二、填空题

1. 小番茄果实的成熟及采收可分为4个时期：＿＿＿＿＿＿＿＿、＿＿＿＿＿＿＿＿、＿＿＿＿＿＿＿＿、＿＿＿＿＿＿＿＿。

2. 小番茄从采收到销售，还需要贮藏、运输等中间过程，而在这些过程中，＿＿＿＿＿＿＿是维持小番茄质量的最重要因素。

三、判断题

1. 为了促进小番茄成熟，增加果实的成熟度，提高其商品价值，生产者常进行人工催熟。（　　）

2. 设施小番茄采收基本上采取手工采摘，采摘应注意避免机械损伤。（　　）

3. 绿熟期（也叫青熟期），果实已充分膨大，基本停止生长，果顶及果面大部变白，果实变硬，尚未着色。（　　）

四、思考题

1. 简述小番茄包装的必要性。

2. 简述小番茄运输的注意事项。

练习思考题参考答案

模块一　练习思考题

一、选择题

1.B　2.B　3.B　4.A　5.D

二、填空题

1.有限生长型　无限生长型

2.粗壮　果实圆形

三、判断题

1.√　2.×　3.√　4.√　5.√

四、思考题

1.简述小番茄按果实大小分类。

（1）大果型　单果重 30 g 以上，如黄小丫等品种。（2）中果型　单果重 20~30 g，如京丹绿宝石 2 号等品种。（3）小果型　单果重 10~20 g，如黄冠 2 号等品种。

2.简述无限生长型小番茄的生长特征。

茎顶端不断开花结果，生长高度不受限制。这类品种的第 1 花序节位较高，多数品种通常在第 7 节位以上着生第 1 花序，花序间隔节位也较多，多在 3 叶以上。无限生长型小番茄植株高大，生育期长，果型大，产量高，品质优良，适应不良环境的能力较强，抗病性好。多为中、晚熟品种。

模块二　练习思考题

一、选择题

1.B　2.C　3.9~10　4.B　5.B

二、填空题

1.根　茎　叶　花　果实

2.土壤结构　肥力　土壤温湿度

3.发芽期　幼苗期　开花坐果期和结果期

4. 喜温　喜光　怕热　耐肥

5. 4%~10%

三、判断题

1. √　2. √　3. ×　4. √　5. √

四、思考题

1. 简述小番茄对环境条件的要求。

小番茄具有喜温、喜光、怕热、耐肥及半耐旱的习性。在春秋气候温暖、光照较强而少雨的气候条件下，有利于营养生长及生殖生长，产量高、品质好。而在夏季多雨、高温或冬季低温、光照不足等条件下，生长弱，病害严重，产量低，品质差。

模块三　练习思考题

一、选择题

1. C　2. B　3. B　4. A

二、填空题

1. 常规育苗　嫁接育苗　扦插育苗和工厂化育苗

2. 操作简便　保护根系　易于管理

3. 保肥保水力强　容重较小

4. 子叶

三、判断题

1. √　2. √　3. √　4. √

四、思考题

1. 简述小番茄育苗的必要性。

在小番茄生长过程中苗期较长，因此，幼苗移栽技术被普遍采用。各地在传统的阳畦冷床、暖床育苗的基础上，目前主要利用温室、大棚等设施工厂化育苗。通过采取电热线加温、无土基质、小拱棚等措施优化育苗的光温条件，既缩短了苗龄，又可培育出抗逆性强、生长健壮的整齐苗，小番茄定植后缓苗快，生长旺盛，从而易于获得高产稳产。

2. 简述小番茄温室育苗。

温室育苗，指在加温的温室或不加温的日光温室内采用穴盘或营养钵直播种子进行育苗的方法。温室具有保温性能好，操作管理方便、抗御自然灾害能力强的特点。因此，较露地阳畦育苗更安全，可有效避免低温的影响，更适合实际生产的需要。该育苗方法是小番茄最主要的育苗方式，采用大型温室穴盘苗床可以工厂化大量生产适龄小番茄商品苗供应棚室栽培。

模块四　练习思考题

一、选择题

1.B　2.A　3.B　4.C　5.D

二、填空题

1. 猝倒病和菌核病病菌

2.12~15　8~9

3.8~10

4. 抗寒性

5.2~3

三、判断题

1.√　2.×　3.×　4.√

四、思考题

1. 简述设施育苗床土的基本要求。

育苗床土的优劣与小番茄幼苗的生长和发育直接相关，因此，床土必须肥沃，富含有机质和充足的营养元素，物理性状良好，空气通透性好，保水力强，以保证根系生长、伸展的需求。同时苗床土还应无病菌，以防传染幼苗。

2. 简述小番茄种子处理的必要性和处理方法。

小番茄种子表面带有病原菌，带菌的种子会传染给幼苗和成株，从而导致病害发生。防止种子带毒，增加秧苗的抗性和促进生长发育，播种前可对小番茄种子进行处理，经过处理后的种子，出苗快而整齐，增强幼苗的抗性，减少了病弱苗数量，为培育壮苗奠定基础。目前常用的方法有温汤浸种催芽、药剂拌种、药水浸种和干热处理等。

模块五　练习思考题

一、选择题

1.A　2.C　3.C

二、填空题

1. 平畦　小高畦　深沟高畦和垄栽

2.18~25　0.5

3.4~5

4.26　3 400

5.2 800

三、判断题

1. √　2. √　3. √　4. √　5. √

四、思考题

1. 简述小番茄种植轮作倒茬的必要性。

连年种植小番茄，3~5年后常常出现植株生长发育不良，幼苗枯萎、烂根，生长点及新生枝（蔓）发育不正常，不能生长，易落花落果，结果少或不结果，多种病害并发等情况，严重制约小番茄生产。种植小番茄应避免连作，最好的前茬是花生、大豆、小麦等大田作物，或葱、蒜类等"辣茬"蔬菜，其次是豆类和瓜类蔬菜，第三是十字花科蔬菜和其他耐寒性蔬菜，尽量避免与茄子、辣椒等茄科类作物接茬。

模块六　练习思考题

一、选择题

1.C　2. B　3.A　4.B　5.C

二、填空题

1.7 d

2. 人字架　篱笆架　单杆架

3.20~30　4~5

4. 养分

5.5~7

三、判断题

1. √　2. √　3. √　4. √　5. ×

四、思考题

1. 简述小番茄搭架与绑蔓的必要性。

小番茄除直立品种外，大多数品种茎呈蔓性、半蔓性，木质化程度不高，当株高40 cm时，茎因承受不了枝叶的重量而倒伏，需要搭架、绑蔓，使群体由平面结构变为立体结构，改善田间通风透光性，减轻病虫危害的机会，并方便田间操作。搭架、绑蔓通常结合整枝进行，以改善植株的生长环境，减少病害发生。

2. 简述小番茄整枝的必要性。

小番茄侧枝发生能力强，整枝就是去掉叶腋中长出的多余侧枝，减少养分消耗，控制茎、叶营养生长，促进花、果实发育。合理整枝可以达到减少病害发生、早熟、高产、改善品质等目的。根据需要对小番茄生长出的枝杈生长点进行有选择地保留、摘心或去除。

模块七　练习思考题

一、选择题

1.A　2.D　3.A　4.B　5.B

二、填空题

1. 早疫病　晚疫病　叶霉病　斑枯病

2. 花果

3. 叶片

4. 细菌

5. 花叶型　蕨叶型　条斑型

三、判断题

1.√　2.√　3.×　4.×　5.√

四、思考题

1. 简述晚疫病的发病症状。

晚疫病发生于叶、茎、果实，以叶片和青果受害严重。苗期发病较少，主要是成株期，此时感染多始于叶尖、叶缘，出现暗绿色不规则的水渍状病斑，后转为褐色。叶背面出现灰褐色病斑，白色霉层。感病茎出现污黑色条状斑，病斑稍凹陷，到了中期，病斑沿着茎向上和向下扩展，病斑呈长条形，病斑颜色也逐渐加深，到了后期，病斑绕茎一周。青果极易染病，初呈暗绿色油斑状，渐渐成不规则云纹状棕褐色病斑，果实硬质不软腐，边缘不变红，湿度大时会长出少量白色霉状物。

2. 简述小番茄青枯病致病原因。

小番茄青枯病病原为青枯假单胞菌，是一类危害严重的土传细菌病害。病原通过灌溉水、地下害虫、操作接触等传播，主要通过根部或茎基部皮孔和伤口侵入，植株茎维管束繁殖扩展。在保护地栽培中高温高湿，久阴雨雪后转晴时发病较重，连年重茬、通风不良、土壤偏酸、钙磷缺乏等均易造成病害发生。

模块八　练习思考题

一、选择题

1.C　2.C　3.D

二、填空题

1.绿熟期　转色期　成熟期　完熟期

2.温度控制

三、判断题

1.√　2.√　3.√

四、思考题

1.简述小番茄包装的必要性。

包装是实现小番茄标准化，保证安全贮运和销售的重要措施。小番茄产品的包装，可以用硬质塑料筐或瓦楞纤维板箱等硬质材料以防压扁，包装可使产品固定，减少震动，起到保护作用。包装完成后为使销售商掌握操作方法还应在包装箱上粘贴、盖印或模板印刷标签，通过品牌标签可为生产者、包装者和经销商做广告，还可为消费者提供具体保存方法或食用指导的建议。

2.简述小番茄运输的注意事项。

温度管理在小番茄长距离运输中是很重要的，因此，堆码时应注意让空气适当流通，以带走产品的呼吸热和来自大气或路面反射的热量。运输车辆应具备良好的隔热通风性能，以保持预冷过的产品处于低温通风的条件下，产品的堆码方式应能使机械损伤降到最低。在夜间和清晨运输，能带走装载产品的许多热量。为了减少热量从车厢外部传入货堆，堆码时必须尽量减少产品与地板、产品与车厢壁的接触面积。

参考文献

［1］杨慧.红宝石1号小番茄［J］.新农业，2008（04）：18-19.

［2］吴志刚，冯辉，徐娜，等.串番茄品种的特征特性和应用状况［J］.长江蔬菜，2006（02）：36-38.

［3］柴敏，于拴仓.特色番茄京丹系列新品种［J］.农业新技术，2003（01）：28.

［4］张绍铃，郝玉金.园艺学总论［M］.北京：中国农业出版社，2021.

［5］臧飞艳.浅析现代番茄的优质栽培技术［J］.学术论文联合比对库.2015-05-18.

［6］祁世明，梁燕.番茄SELF-PRUNING基因家族及株形调控功能研究进展［J］.园艺学报，2020，47（09）：1705-1714.

［7］金晓娜.乳酸菌对小番茄根部微生物群落的影响［J］.学术论文联合比对库.2018-12-13.

［8］刘秋香.茄果类蔬菜栽培技术［J］.河北农业，2018（10）：24-26.

［9］吕鸿钧，赵玮.番茄栽培技术［M］.银川：宁夏人民出版社，2008.

［10］罗万明.盆栽樱桃番茄生长发育对外界环境条件的要求［J］.农业与技术，2012，32（11）：94.

［11］沙俊利.番茄生理特性及温室生产注意事项［J］.种子科技，2015，33（07）：55-56.

［12］温亚杰.番茄反季节栽培对环境条件的要求［J］.吉林蔬菜.2011（03）：9-10.

［13］王文元，倪纪恒.温室不同遮阳部位与遮阳密度对番茄光合特性的影响［J］.江苏农业科学，2024，52（16）：197-202.

［14］莫豪葵.浅析环境因子对番茄生长的影响［J］.吉林农业，2011（07）：157+159.

［15］曹彦明，陈军，金秀珍.环境条件对茄果类蔬菜的影响［J］.吉林农业，2004（07）：26.

［16］王宝海.番茄穴盘育苗关键技术及规范性操作研究［D］.南京：南京农业大学.2005.

［17］胡永军，潘子龙.番茄集约化穴盘嫁接育苗关键技术［J］.农业工程技术（温室园艺），2011（08）：52-53.

［18］孙振军.冬暖大棚秋冬茬番茄无公害栽培技术［J］.现代农业科技，2008（11）：40-41.

［19］姜小龙，方芳，曹沫.有机青花菜伏秋栽培技术［J］.长江蔬菜，2004（06）：20-21.

［20］杨静，胡曙鋆，王用虎，等.番茄嫁接育苗技术［J］.上海蔬菜，2017（04）：29-31.

［21］马洪英.设施果菜类育苗与病虫害防治［M］.天津科技翻译出版公司.2010.

［22］马赫.番茄育苗中常见问题及对策［J］.农民致富之友，2015（23）：65.

［23］孙艳娇.番茄育苗中常见问题及对策［J］.农民致富之友，2018（09）：112.

［24］熊丙全.蔬菜嫁接育苗的主要方法及其技术要点［J］.四川农业科技，2008（12）：30-31.

［25］马新洲，张慎璞.线虫绝系列番茄砧木抗线虫嫁接育苗技术［J］.河南农业，2008（22）：47.

［26］廖向明，李万华.提高高温季节番茄嫁接育苗成活率的技术措施［J］.长江蔬菜，2010（09）：26-27.

［27］李绪友，张章松.番茄嫁接育苗新技术——斜切套管嫁接法研究［J］.安徽农学通报，2013，19（21）：49+92.

［28］胡海锋.番茄嫁接育苗新技术［J］.陕西农业科学，2012，58（02）：275-276.

［29］陈婷婷.瓜果蔬菜嫁接主要技术要点［J］.吉林蔬菜，2018（08）：16-17.

［30］田如霞.西瓜嫁接育苗传统靠接法与改良靠接法比较［J］.中国园艺文摘，2014，30（06）：47+144.

［31］邵善英.日光温室番茄本土工厂化嫁接育苗技术［J］.中国园艺文摘，2015，31（03）:180-181.

［32］张秋萍，夏协兴，王旭明，等．番茄侧枝扦插育苗技术［J］．上海蔬菜，2004（01）：28.

［33］王娜，杨森，李鑫．番茄扦插育苗试验及其应用前景［J］．上海蔬菜，2008（03）：62-64.

［34］魏春雁，宋志锋，黄九林，等．盐碱地无公害草麻黄栽培技术［J］．吉林农业科学．2011，36（02）：7-10.

［35］詹秀秀．番茄温室栽培技术［J］．学术论文联合比对库．2016-05-26.

［36］张春喜．茄果类蔬菜无公害栽培技术问答［M］．北京：中国农业大学出版社，2008.

［37］朱海山，张宏，孟金贵，等．冬春反季节蔬菜生产技术［M］．昆明：云南科技出版社，2009.

［38］易全鑫，赵统敏，潘宝贵．茄果类精品蔬菜［M］．南京：江苏科学技术出版社，2004.

［39］郭红玲．露地西红柿育苗技术［J］．农业技术与装备，2012（04）：57-58.

［40］李建霞，曹亚锋．华池县茄子栽培技术［J］．甘肃农业科技，2010（08）：53-54.

［41］孙宪印，钱兆国，丛新军．红墨水染色法快速测定种子生活力［J］．现代种业．2002（03）.

［42］张倩．泗阳国润大观园番茄栽培技术［J］．学术论文联合比对库．2017-05-28.

［43］赵宏伟，李娟．番茄的施肥技术［J］．中国果菜，2010（03）：37.

［44］李凤海，徐永杰．北方圣女番茄施肥技术［J］．现代农业科技，2008（16）：74.

［45］李明悦．设施蔬菜施肥技术［M］．天津：天津科技翻译出版有限公司，2009.

［46］韩旭，张阳，张博，等．番茄高产高效种植技术［J］．中国农机装备，2014（06）：55-57.

［47］袁东学，王立开．智能信息技术在温室番茄种植与管理中的应用［J］．农业工程技术，2024，44（05）：33-34.

［48］赵丽萍，赵统敏，余文贵，等.番茄新品种苏粉12号特征特性及早春栽培技术［J］.江苏农业科学，2012，40（11）：105-106.

［49］魏兰波.9份耐镉南瓜杂交组合（F1）产量性状分析.学术论文联合比对库.2019-05-11.

［50］王锋，王绍然，邢作山，等.番茄整枝技术［J］.吉林蔬菜，2007（04）：16-17.

［51］薛勇.温室番茄怎样整枝［N］.吉林农村报，2006-11-29.

［52］刘在富，程进步.番茄温室生产植株调整新技术［J］.现代园艺，2013（15）：38.

［53］高希芹.山东临沂冬暖式大棚番茄种植技术要点［J］.农业工程技术，2024，44（09）：90-91.

［54］付军工.北方保护地春茬番茄落花落果的原因及防治［J］.中国果菜，2008（02）：46.

［55］江延朝，赵同芝.保护地春茬番茄落花落果的原因及防治［J］.农村实用工程技术，2002（04）：10-11.

［56］李建敏，王芳，高懿珊，等.温室番茄落花落果的原因及防治措施［J］.现代农村科技，2011（19）：33.

［57］辽宁省科学技术协会.设施番茄优良品种及栽培新技术［M］.沈阳：辽宁科学技术出版社.

［58］沈瑞.番茄坐果激素使用三法［J］.云南科技报.

［59］杨韶芸，张蓉艳.赣南地区樱桃番茄高效生产技术要点［J］.长江蔬菜，2020（15）：44-45.

附录

附录1 常用营养液配方

配方名称	配料种类	含量（mg/L）	
克诺普配方	硝酸钙 [Ca（NO$_3$）$_2$·4H$_2$O] 硫酸镁（MgSO$_4$·7H$_2$O） 硝酸钾（KNO$_3$） 磷酸二氢钾（KH$_2$PO$_4$）	800 200 200 200	
霍格兰配方	硝酸钙 [Ca（NO$_3$）$_2$·4H$_2$O] 硝酸钾（KNO$_3$） 硫酸镁（MgSO$_4$·7H$_2$O） 磷酸二氢钾（KH$_2$PO$_4$） 酒石酸亚铁（C$_4$H$_4$FeO$_6$） 磷酸氢二铵 [（NH$_4$）$_2$HPO$_4$]	1 180 510 490 140 5 —	950 610 490 — 5 120
微量元素通用配方	螯合铁（Na$_2$Fe-EDTA） 硫酸亚铁（FeSO$_4$·7H$_2$O） 硼酸（H$_3$BO$_3$） 硼砂（Na$_2$B$_4$O$_7$·10H$_2$O） 硫酸锰（MnSO$_4$·4H$_2$O） 硫酸铜（CuSO$_4$·5H$_2$O） 硫酸锌（ZnSO$_4$·7H$_2$O）	24.0 15.0 3.0 4.5 2.0 0.22 0.05	

附录 2　小番茄农药安全使用标准

农 药		主要防治对象	用药量	施药方法	安全间隔期（d）
名称	含量及剂型				
多菌灵	50% 可湿性粉剂	多种病害	500 倍液	浸种	15
福美双	50% 可湿性粉剂	多种病害	种子量的 0.4%	拌种	7
甲霜灵	25% 可湿性粉剂	猝倒病	种子量的 0.4%	拌种	7
甲基托布津	70% 可湿性粉剂	多种病害	600~800 倍液	喷雾	7
百菌清	70% 可湿性粉剂 45% 烟剂	灰霉病、枯萎病	500 倍液 每亩 250 g	喷雾 点烟	3
农抗武夷菌素	1% 水剂	灰霉病、白粉病	150~200 倍液	喷雾	7
克露	72% 可湿性粉剂	霜霉病、疫病	600~800 倍液	喷雾	2
速克灵	50% 可湿性粉剂	灰霉病	800~1 000 倍液	喷雾	7
甲霜灵	65% 可湿性粉剂	灰霉病、白粉病	600~800 倍液	喷雾	7
扑海因	50% 可湿性粉剂	灰霉病、猝倒病	600 倍液	喷雾	7
甲霜灵锰锌	58% 可湿性粉剂	霜霉病、早疫病	1 000 倍液	喷雾	7
杀毒矾	64% 可湿性粉剂	猝倒病、立枯病	400~500 倍液	喷雾	3
可杀得	77% 可湿性粉剂	早疫病、角斑病	400~600 倍液	喷雾	3
普力克	66.5% 可湿性粉剂	猝倒病、早疫病	100~1 500 倍液	喷雾	7
硫酸链霉素	72% 可湿性水剂	细菌性角斑病	400~5 000 倍液	喷雾	2
青枯灵	25% 可湿性粉剂	细菌性角斑病	500 倍液	喷雾	7
植病灵	1.5% 乳剂	病毒病	600~800 倍液	喷雾	7
避蚜雾	50% 可湿性粉剂	蚜虫	5 000 倍液	喷雾	7~10
高效氯氰菊酯	4.5% 乳油	棉铃虫、甜菜夜蛾	1 500 倍液	喷雾	7
溴氰菊酯	2.5% 乳油	蚜虫、棉铃虫	2 500 倍液	喷雾	2
菊杀	2% 乳油	蚜虫	1 000 倍液	喷雾	7
乐斯本	48% 乳油	美洲斑潜蝇	600~800 倍液	喷雾	7
浏阳霉素	10% 乳油	茶黄螨	100~1 500 倍液	喷雾	7
克螨特	73% 乳油	螨类	200~2 500 倍液	喷雾	15

附录 3　常用计量单位

英文缩写	中文全称
hm^2	公顷
t	吨
cm	厘米
m	米
m^2	平方米
m^3	立方米
g	克
kg	千克
mg	毫克
mL/kg	毫克每千克
g/kg	克每千克
mL/L	毫克每升
μg/kg	微克每千克
min	分钟
h	小时
d	天
℃	摄氏度
lx	勒克斯
W	瓦
mS/cm	毫西门子每厘米
g/cm^3	克每立方米